RESTART!
엄마들의
독학 영어

일러두기

원어민의 음성은 로그인 유튜브에서 들으실 수 있습니다.
'더보기'에서 해당 페이지를 누르면 음원이 재생됩니다.

늦지 않았다는 마음으로 다시 시작하는 영어 공부

서민아
지음

RESTART!

엄마들의 독학 영어

로그인

영어 선생님이라는 이름으로 불린 지 20년이 넘었다. 그중 절반이 넘는 시간을 엄마들에게 영어를 가르치며 살았다. 그 계기는 출산 후 식품 알레르기가 심해 도저히 어린이집에 보낼 수 없는 아이 때문이었다. 짬을 내 오전에 수업을 했으면 좋겠다고 생각했다. 수요일 하루 1시간씩 두 타임 정도면 적당할 것이라 예상했다. 그러던 중 문득 나처럼 육아를 하는 엄마 중에도 분명 영어 공부를 하고 싶어 하는 분들이 있을 거라는 데 생각이 미쳤다. 거주하는 아파트 단지에 '엄마라서 다시 시작하는 영어 회화'라는 전단지를 만들어 붙였다.

반응은 놀라웠다. 거짓말 조금 보태 폭발적이었다. 당일에 바로 수요일 두 타임이 마감되었다. 수업을 시작한 엄마들의 입소문과 소개로 이후에는 주 3일, 그 다음달에는 주 4일로 점점 수업이 많아졌다. 결국 모든 반이 마감되었고, 급기야 누군가 그만두어야만 수업에 들어올 수 있는 상황에 이르렀다. 동시에, 같은 동네에 사는 친구에게 수업이 있는 수요일에만 아이를 맡기려던 계획은 매일 수업을 위해 베이비시터의 도움을 받아야 하는 상황이 되었다.

그렇게 시작한 '엄마 영어 회화' 수업이 어느새 만 10년이 넘었다. 그동안 수없이 많은 엄마들을 만났고, 지금도 매일 만나고 있다. 내가 엄마들에게 영어를 가르친다고 하면 사람들은, 심지어 같은 업계에 있는 선생님들조차도 엄마들을 대상으로 한 수업과 일반 성인을 대상으로 하는 수업이 뭐가 다르냐고 묻는다. 학교를 졸업하고 각자 다른 이유이긴 하지만 목적이 있어 영어를 공부하는 성인들이기 때문이다. 하지만 오랫동안 영어를 가르치며 내가 내린 결론은 다르다. 엄마의 영어는 학생이나 일반 성인, 직장인들을 대상으로 하는 수업과는 확연히 차이가 있다. 그중 가장 큰 차이는 '동기'다.

동기라 쓰고 사랑이라 읽는다

수업에 앞서 나는 엄마들에게 영어 공부에 도전하는 이유를 묻는다. 그러면 대부분 '아이를 위해서'라는 답이 돌아온다. 짧게나마 아이와 영어로 대화하고 싶은 마음, 아주 얇은 영어책이라도 아이와 함께 읽고 싶은 마음이다. 여기에 내 아이가 영어를 좋아했으면 하는 기대, 내 아이만큼은 영어 때문에 고생하는 일이 없었으면 하는 바람, 영어를 두려워하지 않고 즐겼으면 하는 소망이 더해진다.

수많은 엄마들과 상담을 하며 깨달은 사실이 하나 있다. 다시 영어 공부를 하려는 결심을 하고, 전화를 걸어 수업 문의를 하고, 레벨 테스트를 거쳐 수업을 시작하는 데 내단한 용기가 필요하다는 사실이다. 고등학교 또는 대학을 졸업한 뒤 10년 이상 혹은 더 많은 시간을 영어 공부를 하지 않고 살아온 분들이 대부분이기 때문이다. 그럼에도 다시 공부를 하겠다는 마음을 먹고 용기를 내는 것은 '사랑하는 내 아이' 때문이다.

솔직히 말해 엄마가 편하자고 하면 영어 공부를 할 필요가 없다. 대한민국에서 아이를 키우면서 영어가 절실히 필요한 순간이 얼마나 되겠는가? 하지만 엄마이기에 용기를 내고, 결단을 하고, 문을 두드린 것이다. 그래서인지 공부하는 엄마의 모습에 아이가 반응한다는 얘길 들으면 뭉클하기까지 하다.

그러나 여전히 엄마들이 영어 공부를 시작하는 데는 많은 장벽이 있다. 그중에서도 가장 큰 장벽은 부끄러움이다. 가장 가까운 가족인 남편에게조차 털어놓지 못할 정도의 수준이다 보니 엄마들은 고민하고 또 고민한다. 내가 책을 쓴 이유가 바로 여기에 있다. 자신의 영어 실력을 털어놓기조차 어려워하는 엄마들에게 용기를 주고 기초부터 다시 영어를 시작할 수 있는 방법을 알려주기 위해서다.

지금부터 다시 시작하면 된다

"선생님, 전 정말 알파벳밖에 몰라요. 왕초보 반에서도 제가 제일 못할 걸요."
"영어를 너무 못해서 학원도 갈 수가 없어요."
용기를 내어 상담을 요청한 엄마들에게 가장 많이 듣는 말이다. 이런 분들께 나는 단호하게 말한다.

"그렇지 않습니다. 더 못하는 사람도 많으니 용기를 가지세요."

'정말? 나보다 못하는 사람들이 많다고? 거짓말이겠지?'

이런 생각이 들었다면 당신은 이 책이 필요한 사람이다. 단언하건대, 이제 당신은 인생의 터닝 포인트를 맞이할 수 있다.

엄마의 영어가 완벽할 필요는 없다. 아이에게는 발음이 원어민 같고 프리 토킹이 가능한 엄마도 좋지만 영어는 재미있는 것이라는 생각이 들게 만들어주는, 예컨대 매일 밤 영어 그림책을 읽어주는 엄마가 더 좋다. 그러니 영어를 반드시 잘해야 한다는 강박은 버려라. 영어는 끝까지 함께해야 할 친구지 정복해야 할 대상이 아니다. 대신 결심하라. 오늘부터 다시 영어 공부를 시작하겠다고. 비록 지금은 서점에서 구입한 기초 회화 책도, 기초 문법 책도 이해하지 못하고 영어를 입 밖으로 소리 내는 건 꿈도 못 꾸지만 이 책과 함께한다면 가능하다. 이 책은 말 그대로 현재 지하 속에 들어가 있는 당신의 영어 실력을 지상으로 끌어올려 영어로부터 해방되게 하고, 궁극적으로 혼자 책을 펴서 공부할 수 있게 하는 데 목적이 있다. '독학 영어'는 단순히 동사의 쓰임을 다시 배우고 발음법을 정확히 익히는 과정이 아니라 엄마와 아내라는 이름으로 살며 무너져버린 자존감을 다시 세워 가는 치유의 과정이다. 그 앞에 당당한 나, 그리고 엄마가 기다리고 있다. '지금, 다시'라는 말만큼 힘을 주는 단어는 없다. 얼마든 할 수 있으니 이 책《엄마들의 독학 영어, RESTART!》로 '지금 다시' 시작하라.

_서민아

차 례

 PART 1 말할 수 없는 비밀, 영어

PART 4 영어 문장의 기본 구조 이해와 말하기 연습

PART1

말할 수 없는 비밀, 영어

01

나를 무시하는 남편,
영어 숙제를 물어보지 않는 아이

엄마는 영어를 못하는 사람

같은 단지에 사는 지인이 어느 날 나를 찾아왔다. 어렵게 털어놓은 이야기는 자신의 영어 실력에 관한 것이었다. 내용인즉, 그 엄마는 중학교 때부터 피아노를 쳤다고 한다. 중고등학교 시절을 피아노에 매진한 끝에 수도권 소재 한 대학 피아노과에 무난히 입학했다. 실기 점수가 중요하다 보니 상대적으로 공부에는 신경을 덜 썼고, 영어 과목을 싫어한 탓에 시험 기간이라고 해서 따로 영어 공부를 하지도 않았다.

문제는 결혼을 해서 아이 둘을 낳고 아이들이 점점 커가면서 시작됐다. 해외여행을 가든 외국인을 만나든 자연스럽게 대화하는 남편과 달리 입 한 번 벙긋

하지 못하는 자신이 초라하게 느껴졌다. 여행 중에 잠깐이라도 혼자 어딜 가는 것도 자신이 없어 늘 남편 뒤를 졸졸 따라다녀야 했다. 더 속상한 것은 아이들도 '엄마는 영어를 못하는 사람'으로 인식하고 있다는 사실이었다. 아이들은 학교나 학원에서 내준 숙제를 하다가 모르는 것이 나와도 엄마에게는 물어보지 않고 퇴근 후 아빠가 오면 물어보았다. 자존감이 무너지는 순간이었다. 그러면서 남편에게 영어를 못한다고 고백했지만 이 정도일 거라곤 상상하지 못할 거라고 덧붙였다.

고백을 들은 뒤 간단한 테스트를 실시했다. 내가 확인한 바, 그 엄마는 일단 영어 단어를 읽지 못했다. 예를 들어 school, lion, pencil 같은 익숙한 단어들은 읽었지만 잘 모르거나 처음 보는 단어 앞에서는 입도 뻥긋하지 못했다. 영어 단어의 조합 원리나 각각의 알파벳 철자가 가지고 있는 소리에 대한 이해가 절대적으로 부족했기 때문이다. 모르는 단어들을 읽지 못하는 것이 당연했다.

엄마 발음 이상해

비슷한 경우가 다른 분에게도 있었다. 에밀리Emily는 나와 회화 공부를 하고 있는 지인의 소개로 수업을 시작한 케이스였다. 상담 중에 털어놓은 영어를 공부하기로 결심한 동기가 인상적이었다.

"선생님, 제가 영어는 못해도 남편 직업 때문에 해외를 자주 나가는 편이라 크게 창피해지 않고 아는 단어만으로도 소통을 했거든요. 그런데 저희 아이들은 저보다 영어를 훨씬 잘하는데도 해외에 나가면 부끄러워서 한마디도 못하는 거예요. 그런 모습이 답답하고 화가 나서 아이들한테 너희들이 직접 영어로 주문하고 필요한 걸 이야기하라고 했는데, 글쎄 남편이 저한테 뭐라 했는지 아세요?"

궁금한 표정을 짓는 나에게 에밀리는 이렇게 말했다.

"엄마 봐라. 저렇게 영어를 못하고 발음이 엉망이어도 용감하잖아. 너희는 그런 도전 정신이 없어."

순간 자존심이 상하고 아이들 앞에서 창피함이 몰려왔다고 한다. 남편의 말은 영어 공부를 제대로 해보겠다는 결심을 하게 만들었고, 지인의 소개로 나를 찾아온 것이다.

"사실 제가 너무 못해서 그렇지 저희 남편도 영어를 그렇게 잘하는 편은 아니거든요. 몇 년 열심히 공부해서 남편 코를 납작하게 만들어줄 거예요."

이런 경험을 아이에게 당하는 경우는 더욱 아프다. 영어 공부를 다시 시작할 때 회화가 아닌 파닉스와 발음, 기초 문법부터 배우고 싶다고 하는 엄마들이 많은 이유는 슬프게도 아이들이 엄마의 영어를 지적하기 때문이다.

요즘 아이들은 어렸을 때부터 자연스럽게 영어를 접한다. 대부분 어린이집에 다니는 4, 5세경부터 영어 교육을 받는다. 그렇다 보니 일명 콩글리시 발음에 아이들은 바로 반응한다.

"엄마 발음 이상해."

이럴 때 엄마는 당황스러움을 감춘 채 "아니야, 이렇게 발음하는 거 맞아"라고 우겨보지만 아이는 이미 알고 있다. 엄마의 발음이 정확하지 않다는 것을.

"아니야, 줴니퍼(아이는 선생님 이름도 원어민처럼 발음한다) 선생님은 그렇게 발음하지 않았어."

02

영어 학원에 갈 수도,
온라인 강의를 들을 수도 없는 나

시작은 창대했으나 바로 미약해졌다

매년 새해 계획을 세울 때 다이어트, 독서, 운동과 더불어 항상 상위에 포진해 있는 다짐이 있다. 바로 '영어 공부'다. 이들이 가장 많이 선택하는 방법은 유명 업체나 강사를 선택해 온라인 강의를 신청하는 것이다. 영어 공부는 장기전이라는 생각에 그것도 무려 연회원으로 가입한다. 직장생활 또는 육아와 겸해야 하는 만큼 직접 수업을 들으러 가기 힘드니 상대적으로 시간과 공간 제약이 적은 동영상 강의에 의지하는 것이다.

시작은 좋다. 그야말로 창대하다. 이렇게 매일 꾸준히만 공부하면 머지않아 사람들 앞에서 내 소개 정도는 무리 없이 할 수 있을 것 같다. 휴가 때 해외에 나가 외국인과 기본 의사소통하는 것도 걱정 없다. 하지만 길게 잡아 한 달, 모든 게 귀찮다. 온라인 강의는 주말에 들을 수도 있고, 일 년이라는 시간이 있으니 천천히 하면 된다. 게다가 이미 카드 할부금이 나가고 있다.

실제로 나와 함께 공부하는 학생 중에도 ○○스쿨에 3년 연속 결제를 하고 매년 같은 일을 반복하던 분이 있다. 연회원으로 결제한 뒤 며칠 공부하다가 더 이상 접속하지 않는, 영어 회사로선 아주 고마운 그런 회원이었다. 이 사태(?)가 반복되자 그분은 매년 하던 ○○스쿨 결제를 과감히 포기하고 알음알음으로 소개를 받아 나와의 수업을 약속했다. 그러고는 회사인 여의도에서 일찍 퇴근하여 집 근처로 내 수업을 들으러 오셨다. 이 분도 레벨 테스트를 해보니 왕초보 회화반보다도 한 단계 낮은 '해방 영어'가 필요했다.

이처럼 동영상 강의를 통해 꾸준히 영어를 공부하는 분들이 많다. 안타까운 것은 엄마들은 특수한 상황 때문에 혼자서는 동영상을 보며 공부하기가 힘들다는 데 있다. 강의 내용이 아무리 훌륭해도 내 수준에 맞지 않으면 소용없고, 기초가 없는 상태면 더 힘들다. 반복해서 패턴 말하기 연습을 해도 내 것으로 만들기란 쉬운 일이 아니다.

왕초보반이라면서요?

현재 아이를 키우고 있는 40대 전후의 부모 세대들은 대부분 초등학교 고학년, 아니면 중학교 입학을 목전에 두고 알파벳 외우기를 시작으로 영어를 접했을 것이다. 중학교에 입학하여 여러 과목 중 하나로 영어를 처음 배운 분들도 많을 것이다. 나 역시 그랬다. '파닉스'라는 개념이 존재하지 않던 시절인 만큼 처음 접한 "Hello. My name is Jane. Nice to meet you"라는 문장은 그야말로 공포였을 것이다. 언어의 자연스러운 체득 과정인 리스닝(Listening, 듣기)과 스피킹(Speaking, 말하기)이 먼저가 아닌 문법(Grammar)과 리딩(Reading, 읽기 혹은 독해)이 먼저 나오는 영어였으니 말이다. 허나, 그렇게 배운 영어도 20년 전 일이 되어버렸거늘 다시 시작하려는 영어는 생전 해본 적 없는 스피킹과 리스닝 위주라니!

이런 이유들로 엄마들에게 영어 학원의 문턱은 생각보다 높다. 그럼에도 이 모든 어려움을 이겨내고 큰 결심을 하곤 '성인 대상'이라는 말과 '왕초보반'이라는 말에 혹해 어학원 문을 두드렸건만 첫 시간부터 일명 '현타'가 온다.

"말로만 왕초보반이지 저 빼고는 다들 영어로 말을 하더라고요. 가자마자 영어로 자기소개를 시키는데 저 혼자만 입 한 번 떼보지 못하고 그냥 앉아 있다 나왔어요. 그런데요, 선생님. 영어로 자기소개를 할 수 있으면 솔직히 왕초보는 아니잖아요."

같은 경험을 해본 사람이 많을 것이다. 왕초보반이라는 말에 용기를 내어 수업 등록을 했는데 막상 가보니 나만 왕초보인 경우 말이다. 그 말을 그대로 믿은 내가 이유 없이 미워지는 순간이다. 기껏 낸 용기가 무색해지고 영어라는 문 앞에서 다시 한 번 초라해진다.

03

영어가 대체 뭐기에
이렇게 발목을 잡나

영어는 나에게...

우리에게 '영어'는 어떤 의미일까? 대체 어떤 의미이기에 우리를 이렇게 힘들고 부담스럽게 하는 걸까? 재미있게도 성인들만 영어를 싫어하는 게 아니라 학생들도 별반 다르지 않다는 설문 조사를 본 기억이 있다. 그래서 실제로 영어 공부를 하고 있는 엄마와 학생들에게 같은 조사를 해보았는데, 결과가 매우 흥미로웠다. 먼저 아이들의 대답이다. 엄마 세대와 달리 어릴 때부터 영어를 접하며 성장한 만큼 아이들의 대답은 긍정적일 줄 알았는데, 실제로 나온 대답은 조금 충격적이기까지 했다.

"영어는 나에게 _____"

아이들의 대답

· 영어는 나에게 악몽이다.

· 영어는 나에게 수학 다음으로 싫어하는 과목이다.

· 영어는 나에게 큰 스트레스다.

· 영어는 나에게 지옥이다.

· 영어는 나에게 한숨을 나오게 한다.

· 영어는 나에게 단어 외우기다.

· 영어는 나에게 두통이다.

· 영어는 (나에게) 왜 공부하는지 모르겠다.

· 영어는 나에게 두려움이다.

하지만 나와 영어를 공부하고 있는 엄마들의 대답은 조금 달랐다. 영어 공부를 한 기간은 조금씩 다르지만 대체로 긍정적인 대답이 나왔다.

함께 공부하는 엄마들의 대답

· 영어는 나에게 평생 숙제다.(80% 가량의 압도적인 대답)

· 영어는 나에게 다이어트 같은 존재다.

· 영어는 나에게 육아다.

· 영어는 나에게 해야만 하는 것이고, 잘하고 싶은 것이다.

· 영어는 나에게 놓고 싶으나 놓을 수 없는 것이다.

- 영어는 나에게 꿈과 미래다.
- 영어는 나에게 좋은 친구다.
- 영어는 나에게 활력소이다.
- 영어는 나에게 포기하고 싶지 않은 도전이다.
- 영어는 나에게 소확행이다.

중요한 순간마다 발목을 잡는 영어

그렇다면 영어 공부를 하겠다고 마음먹지 못하는 가장 큰 이유는 무엇일까? 시간이 나지 않아서? 비용이 들어서? 물론 이런 이유도 있겠지만 생각보다 많은 비중을 차지하는 이유는, 영어 공부에서 손을 뗀 지 너무 오래되었기 때문이다. 다시 말해 어디서부터 어떻게 다시 시작해야 할지 몰라서다. 상담을 요청해 온 엄마들에게 마지막으로 영어 공부를 한 게 언제였냐고 물으면 대부분 10년 이상 또는 20년 가까이 되었다고 대답한다. 간혹 40년 이상 되었다고 하시는 분들도 있다. 이런 분들은 대개 자녀를 모두 출가시키고 손주까지 보신 경우다.

20년에서 40년에 이르는 동안 결혼을 하고 아이를 키우고 살림을 도맡아 하느라 영어뿐 아니라 다른 공부도 하지 못한 경우가 대부분이니 다시 공부를 한다는 것에 대한 두려움이 어찌 없을 수 있겠는가. 학창시절에는 성적의 발목을 잡고, 대학 졸업 후에는 취업의 발목을 잡고, 결혼 후 엄마가 된 지금은 자존감의 발목을 잡는 영어가 미울 수밖에 없는 이유다.

엄마표 영어,
남들은 재밌다고 하는데

엄마라면 '엄마표 영어'?

'엄마표 영어'.

아이를 키우는 엄마라면 누구나 한 번쯤은 들어보았을 것이다. 오래 전부터 '엄마표 영어'를 통해 아이의 영어에 성공한 사례를 종종 접했고, 서점 한 자리를 차지할 정도로 관련 도서도 많이 나와 있기 때문이다. 실제로 지금도 많은 엄마들이 집에서 엄마표 영어를 실천하고 있다.

나도 그 많은 사람들 가운데 한 명이다. 하지만 엄마표 영어에서만큼은 초보에 가깝다. 대학원에서 영어를 영어로 가르치는 테솔TESOL 석사 과정을 마치고 20년 가까이 영어를 가르쳤음에도 어찌된 일인지 엄마표 영어는 호락호락

하지 않다. 좀 더 정확하게 말하면 호락호락하지 않은 과정이었다. 지금은 아이와의 관계, 그리고 엄마표 영어를 진행하기가 이전보다 훨씬 수월해졌기 때문이다. 관련된 책들을 적극적으로 찾아 읽고, 다양한 수업을 들은 결과다.

본론으로 돌아와서, 그렇다면 많은 엄마들이 '엄마표 영어'를 하는 이유는 무엇일까? 조금씩 다르겠지만 1차적인 목표는 어려서부터 아이를 영어에 노출시켜 영어 소리에 익숙해지게 하려는 데 있을 것이다. 모국어를 배우는 방식으로 영어 소리에 충분히 노출시키고 놀이처럼 영어 영상을 보게 하다 보면 아이가 옹알이를 하듯 영어로 조금씩 말을 하게 되고, 나중에는 영어를 읽을 수 있게될 거란 기대다. 이렇게 되면 책의 내용을 이해하는 과정에서 군이 파닉스나 영어 단어를 학습하지 않아도 될 것이란 기대도 있다. 학원이나 학교에서 학습을 목적으로 영어를 익힌 아이들이 겪는 한계와 어려움을 줄여주려는 목적도 있을 것이다. 무엇보다 엄마표 영어는 큰 비용을 들이지 않고 아이와 놀이처럼 즐기며 할 수 있는 가정 맞춤형 방식이다. 이런 장점 때문에 엄마표 영어의 인기는 식지 않고 있으며, 많은 엄마들이 아이에게 엄마표로 영어를 접할 수 있게 해주려고 한다.

이런 저도 할 수 있을까요?

보통 처음에는 전화 상담을 많이 하는데, 헬렌Helen의 경우 직접 얼굴을 보고 얘기하고 싶다며 대면 상담을 신청했다. 첫 만남인 만큼 긴장된 분위기였지만 헬렌은 자신의 속마음을 솔직하게 털어놓았다.

"저는 학교 다닐 때부터 영어를 싫어했어요. 못하기도 했고요. 창피한 말이지만 평생 영어 공부를 해본 적이 없어요. 그래서 어른이 되고 엄마가 된 지금도 영어만 생각하면 속이 울렁대요."

이런 분들을 많이 봐온지라 크게 당황스럽지 않았다. 본론은 지금부터였다.

"그런데요, 선생님. 올해 네 살인 첫째가 영어를 극도로 싫어해요. 어린이집에서 영어 수업을 하면 다른 아이들은 즐거워하는데 저희 아이는 울고 불며 수업 듣기를 거부한대요. 담임선생님이 제 아이만 데리고 다른 교실에 가 있다가 수업이 끝나면 돌아올 정도로요. 그런데 지금까지 저희 아이는 영어를 제대로 접해본 적도 없고 공부라는 건 더더욱 해본 적도 없거든요. 영어를 싫어하는 게 의아할 정도인데, 제 생각엔 엄마인 제가 영어를 너무 싫어하니까 아이가 그 영향을 받은 게 아닌가 싶어요. 다 제 탓인 거죠. 선생님, 제가 지금부터라도 영어 공부를 시작하고 꾸준히 하는 모습을 보여주면 아이도 영어에 대한 감정이 달라지지 않을까요? 저도 엄마표 영어를 할 수 있을까요?"

이런 질문을 하는 엄마들에게 "발음이 엉망이어도 상관없으니 영어 그림책을 읽어주고 영어로 된 영상을 보여주세요"라고 답하는 건 오히려 상처가 된다. 왜냐하면 이 분들은 하고 싶지 않아서 안 하는 게 아니라 단어를 읽고 발음하는 방법을 알지 못해 못하는 상황이기 때문이다. 한마디로 영어 자신감이 '제로(0)'에 가까워 입 밖으로 소리를 뱉을 수 없는 상태다. 그러면서 헬렌은 이렇게 물었다.

"그런데 선생님, 저 알파벳밖에 몰라요. 단어도 읽지 못하고요. 이런 저도 할 수 있을까요?"

05

영어 공부의 이유를 묻는다면, 그것은 사랑

영어에 대한 당신의 감정은 어떤가요?

헬렌의 이야기는 계속됐다. 그런데 헬렌의 이야기를 듣다 보니 문제의 본질이 다른 데 있다는 생각이 들었다. 엄마표 영어가 급한 게 아니었다. 헬렌이 영어에 대해 가지고 있는 부정적인 감정이 더 큰 문제였다. 영어에 대한 자신의 마음이 아이에게 부정적인 감정을 넘어 극단적인 영향을 미쳤다고 생각하는지 헬렌은 결국 눈물을 터트리고 말았다.

"아이는 아직 영어를 시작조차 하지 않았습니다. 그런 반응은 영구적인 것이 아니라 일시적인 것일 수 있어요. 그러니 엄마가 재미있게 영어 공부하는 모습을 보면 영어에 대한 아이의 감정도 조금씩 달라질 겁니다."

나는 이렇게 위로했고, 우리는 그렇게 함께 공부를 시작했다. 2년이 넘는 시간 동안 헬렌은 아이들이 아픈 날을 제외하고는 결석은커녕 항상 수업 15분 전에 도착하여 수업을 준비했다. 수업 시간에도 적극적이었다. 두려움과 걱정으로 가득 찼던 시작과 달리 헬렌은 점점 자신감을 얻어 갔고, 실력도 눈에 띄게 좋아졌다. 아이들이 잠자리에 든 밤이면 식탁에 앉아 혼자 영어로 중얼거리며 연습을 한다고 했다. 헬렌을 눈물짓게 한 아들의 영어 거부증도 자연스럽게 사라졌다. 일곱 살 무렵부터는 아이도 영어 학원에 다니기 시작했는데, 아주 재미있게 영어로 노래를 부르고 놀면서 수업을 즐긴다고 했다.

엄마의 역할은 여기에 있다. 영어에 대한 감정이 긍정적으로 형성될 수 있도록 아이 옆에서 롤모델이 되어 주는 것이다.

헬렌은 더 이상 걱정하지 않는다. "아이에게 영어책을 읽어주고 싶어도 제 발음이 꽝이라서 저로 인해 아이의 영어를 망칠까봐 읽어주지 못하겠어요." "영어 동영상을 보여주고 싶어도 제가 정확하게 이해하지 못하니 혹시라도 아이가 영상 내용을 물어볼까봐 걱정돼요." 이렇게 말하던 헬렌은 이제 없다.

싫지만 미워할 수 없는 그 이름, 영어

그렇다면 많은 사람들이 영어를 싫어하고 어려워하면서도 영어를 놓지 못하는 이유는 무엇일까? 학생이라면 주요 과목 중 하나인 영어에서 좋은 성적을 받아 좋은 대학을 가기 위한 발판으로 삼기 위함일 것이고, 취업이나 유학을 준비하고 있는 경우라면 나중에 자신이 하고 싶은 일을 하는 과정에서 더 나은 영어 실력을 필요로 하기 때문일 것이다. 회사에서 승진을 위해, 더 나은 자리로 가기 위해 영어가 필요한 사람도 있을 것이다. 목적과 이유는 조금씩 다르지만 어쨌든 더 많은 기회를 얻는 데 영어 실력이 플러스가 되는 건 사실이다.

그렇다면 엄마들도 그럴까? 내가 10년 이상 엄마들과 수업을 하며 확인한 바에 따르면, 엄마들의 80% 이상은 영어 공부를 하고 싶은 이유로 자기 자신이 아닌 '아이'를 꼽았다. 즉 아이를 위해 영어를 공부한다고 답했다. 바로 이 점이 다른 그룹과 엄마 그룹의 차이다. 그리고 이는 아직 초등학교에 들어가기 전인 미취학 아이를 키우는 엄마들에게서 더욱 두드러진다.

이런 엄마들을 보며 내가 내린 결론은 하나다. 엄마가 다시 영어 공부를 시작할 수 있게 하는 힘은 바로 사랑, 그중에서도 아이에 대한 사랑이라고 말이다. 이런 이유로 나는 엄마들에게 영어를 가르칠 때 '엄마표 영어'를 하고 있는 사람들이 아닌, 하고 싶지만 실력과 방법의 부족으로 시작할 수 없는 분들에게 초점을 맞춘다.

"유치원에서 하는 영어 시간을 아이가 무척 좋아해요. 집에 와서 저한테 자꾸 영어로 대화하자고 해요. 그런데 제가 영어를 못하다 보니 부담스러워요, 아이가 영어를 좋아하니 이제라도 영어 공부를 시작해야 할 것 같아요."

이런 엄마들은 시간이 나지 않아서, 꾸준히 아이를 이끌어줄 자신이 없어서 하지 못하는 것이 아니라 정말 하지 못해서 못한다. 이런 엄마들의 마음을 알기에, 아이에 대한 사랑을 뛰어넘는 마음은 없다는 걸 알기에 나는 절실하게 영어가 필요한 분들께 초점을 맞춘다.

06

결국은
나를 위한 공부

내일 Non-drowsy에서 만나

A는 아이에게 영어 그림책을 읽어주지 못한다. 학창시절에도 영어에 관심이 없었고, 모르는 단어가 나오면 읽으려는 노력은커녕 그냥 넘겨버린 탓이다. 그렇다 보니 친구들과 만나기로 한 날이면 약속 전날부터 긴장한다. 주로 아이들을 학교에 보내고 오전 시간을 이용해 친구들을 만나는데, 요즘 백화점 식당가나 브런치 카페의 이름은 대부분 영어로 되어 있기 때문이다. 특히 A의 동네가 아닌 낯선 곳에서 만날 때는 더욱 긴장할 수밖에 없다.

"내일 10시 반에 ○○역 근처 논-드로우지에서 만나."

문자를 받았지만 막상 근처에 가도 'Non-drowsy'를 읽을 수 없으니 장소를 찾기가 어렵다. 그렇다고 이런 사실을 친구에게 털어놓을 수도 없다. 지나가는 사람들에게 위치를 묻거나 무작정 식당가를 반복해서 돌 뿐이다. 본의 아니게 길치 취급을 받기도 한다. A는 나에게 그럴 때마다 밀려오는 좌절감에 주저앉아 울고 싶은 마음이 든다고 고백했다.

내가 굉장히 극단적인 예를 들고 있다고 생각하는가? 나도 처음에는 그렇게 생각했다. 아무리 공부를 하지 않았어도 어떻게 그럴 수 있나 싶었다. 하지만 지금은 다르다. 그리고 나는 이것이 개인의 문제라고만 생각하지 않는다.

"중학교 첫 영어 선생님이 원망스러워요. 그때 그렇게 강압적으로 가르치지만 않았어도 제가 처음부터 영어를 포기하진 않았을 텐데 말이죠."

"저는 문법이 영어의 전부인 줄 알았어요. 초등학생 때 처음 간 영어 학원에서 알파벳을 외우자마자 문법을 배웠으니 재미있었을 리가 없잖아요?"

"저 학교 다닐 때만 해도 예체능 전공하면 공부는 덜해도 됐어요. 저도 그렇게 생각해서 안 해도 되는 줄 알았어요."

엄마들에게 이런 말을 들을 때마다 한국의 교육 체계와 영어 교육 방식에 어느 정도 책임이 있다는 생각이 든다.

오세요, 오세요, 해방 영어로 오세요

이런 이유에서인지 내가 '해방 영어반'을 신규 모집하면 그 어떤 반보다 빨리 마감되는 일이 벌어진다. 이 책의 맨 처음에 등장했던 지인도 본인이 참여할 수 있는 수준의 수업이 있는지 물어보고 싶어서 나를 찾아왔던 것이다.

당시 나는 3년 넘게 엄마들과 수업을 하고 있으면서도 이런 분들의 수요를 인지하지 못했다. 나 역시 가장 낮은 레벨의 엄마들을 대상으로 '왕초보반'을 운영하고 있었으면서도 말이다. 하지만 당시 내가 운영하던 왕초반은 짧고 간단한 문장이라도 스피킹을 하고 패턴 연습을 하며 영어로 말하는 연습을 하는 반이었기 때문에 안타깝게도 그분은 합류할 수 없는 수준이었다. (말로는 왕초보반이라면서 나 또한 실제로는 학생들과 회화 연습을 하는 언행불일치라니)

나는 그분이 수업할 수 있는 곳을 알아봐주겠다는 약속을 하고 주변 영어 학원과 개인 수업을 진행하는 몇몇 분에게 문의 전화를 돌렸다. 하지만 '해방 영어' 수준의 수업이 가능한 학원이나 선생님은 한 곳도 없었다. 미안해하는 내게 지인은 본인과 비슷한 수준의 엄마들이 몇 명 더 있다면 새로운 반을 하나 오픈해줬으면 좋겠다고 부탁했다.

몇 달 뒤, 나는 결국 해방 영어 신규반을 모집했다. 앞에서 언급한 대로 엄마들의 반응은 예상을 뛰어넘었다. 생각했던 것보다 훨씬 많은 엄마들이 비슷한 사정으로 고민을 하고 있었고, 그러나 실력을 차마 드러낼 수 없어 고민하던 중에 용기를 낸 것이었다.

앞에서 엄마들이 영어 공부를 시작하는 첫 번째 이유가 사랑하는 아이 때문이라고 했다. 두 번째 이유를 꼽으라면 나는 주저 없이 자기 자신을 위해서라고 할 것이다. 나를 위한 공부인 만큼 엄마들의 열정은 누구보다 높고 수업에 임하는 자세 또한 무척 진지하다. 어둡고 힘든 지하에서 탈출하려는 눈빛 속에는 오랫동안 마음의 짐이었던 영어에서 해방을 맛보려는 진심이 들어 있다.

PART2

해방 영어,
일단 시작

선생님,
그런데 '해방 영어'가 뭐예요?

당신은 어디에 해당하나요?

지금까지의 에피소드를 읽으며 자신이 해방 영어가 필요한 수준이란 걸 단번에 느낀 사람도 있을 것이고, 아직 확실히 모르겠다고 느낀 분들도 있을 것이다. 물론 나는 그 정도 수준은 아니라고 생각하는 분들도 있을 것이다. 어떤 수준이든 상관없다. 판단은 자신의 몫이기 때문이다. 정확한 판단을 위해 해방 영어가 어떤 분들에게 필요한지 설명한다.

먼저 해방 영어반 엄마들은 자신들을 '왕왕초보반'이라고 부른다. 아니, '왕왕왕왕초보반'이라고 한다.

"선생님, 저는 정말 알파벳만 알아요. 알파벳 말고는 아무것도 몰라요."

"선생님, 저는 그냥 영어 황무지예요."

"영어 울렁증이 너무 심해서 영어로는 입도 못 떼요."

"지금까지 단 한 번도 영어 공부를 안 해봤다고 생각하시면 돼요. 말 그대로 백지 상태요."

이 말들이 공감된다면, 또 자신에게 해당한다고 생각되면 당신은 해방 영어가 필요한 사람이다.

사실 엄마들이 영어를 다시 배우길 원하는 이유는 짧게나마 영어 회화를 통해 의사소통을 하고 싶어서다. 그런데 영어 회화를 하려면 적어도 두세 단어 또는 그 이상의 단어들을 조합할 줄 알아야 한다. 하지만 해방 영어반 엄마들의 경우 기본적으로 영어 단어를 입 밖으로 소리 내어 뱉지 못한다. 영어를 소리 내어 말한다는 걸 생각만 해도 속이 울렁거린다는 사람도 있고, 단어를 잘못 읽어서 틀릴까봐 겁이 난다는 사람도 있다. 발음이 엉망이라 상대가 알아듣지 못할 거라는 지레짐작으로 입도 열기 전에 주눅이 든다는 사람도 있다.

책이라도 사서 보면 좋겠지만 안타깝게도 시중에 나와 있는 왕초보 회화나 기초 영어 책들은 패턴으로 구성된 경우가 많다. 엄마표 영어를 위한 표현집도 마찬가지다. 그러나 '해방 영어'가 필요한 분들은 단어를 정확히 읽어내는 규칙과 발음을 모르기 때문에 이마저도 쉽지 않다. 다시 말해 패턴이나 표현집을 봐도 입 밖으로 소리 내어 읽지 못하니 공부를 하고 싶어도 할 수가 없다.

어른들을 위한 파닉스 책도 마찬가지다. 이런 책들의 대상은 말 그대로 영어 까막눈에 가까운 연세 많은 어르신들이다. 이런 책들은 너무 쉬운 단어와 규칙이 주를 이루고 있는지라 엄마들에게는 맞지 않는다. 영어의 기초가 거의 없고 자신이 없는 건 엄마들도 마찬가지지만 그래도 엄마들은 대부분 고등 교육을 미친 분들이지 않은가.

　이런 아쉬운 부분들을 귀 기울여 듣고 10년이라는 시간을 엄마들과 공부하면서 필요하다고 생각된 부분을 간추려 정리한 것이 바로 해방 영어다. 단어를 읽는 규칙(파닉스)에서 꼭 알아야 할 철자의 발음 방법, 그리고 완전 기초지만 알아두어야 할 문법까지 이 책 한 권이면 영어로 인해 자존감이 무너지는 일은 없게 해주겠다는 마음으로 한 줄 한 줄 썼다.

해방 영어는 영어의 기초를 다지는 준비 운동

　내가 지금 가르치고 있는 반은 레벨이 굉장히 세분화되어 있다. 그중에서 가장 왕왕초보반을 '해방 영어반' 또는 '벙커 영어반'이라고 부른다. 그 이유는 현재 영어 실력이 아직 땅 속 벙커에 머물러 있는 수준이고, 그 벙커를 빠져나와 지상으로 탈출하는 것, 다시 말해 해방되는 것을 목표로 하고 있기 때문이다. 여기서 지상으로 탈출해 해방된다는 의미는, 시중 서점에 나와 있는 어떤 기초 회화 책을 가지고 공부를 시작해도 무리가 없는, 즉 혼자서도 공부할 수 있는 수준이라고 할 수 있다. 책을 봐도 도대체 뭐라고 하는지 이해하지 못하는 수준으로는 공부를 시작조차 할 수 없으니 말이다.

　당신의 영어가 지하 벙커에 있는 수준이라고 생각하는가? 영어 앞에서 당신도 모르게 꿀 먹은 벙어리가 되는가? 그렇다면 나와 함께 '해방 영어'의 길로 가자. 당신만 결심한다면, 그리고 그 결심이 확고하다면 당신은 언제든 해방 영어의 주인공이 될 수 있으니 말이다.

바라건대, 해방 영어를 기초 운동이라 생각해주면 좋겠다. 본격적인 운동을 하기 전 스트레칭을 통해 몸을 풀어야 부상이나 포기 없이 운동을 완수하듯 해방 영어를 통해 기초에 해당하는 전반적인 부분을 내실 있게 채울 수 있게 되기를 희망한다.

영알못 엄마,
외국계 제약 회사로 이직에 성공하다

정말 이 실력이라고요?

아이린Irene은 처음에 개인 수업이 가능하냐며 상담을 요청해왔다. 육아 휴직을 이용해 평생 자신의 발목을 잡아온 영어를 다시 시작해보고 싶다고 했다. 그렇게 첫 만남을 가졌고, 레벨 테스트 결과를 본 순간 나는 놀라지 않을 수 없었다. 회화를 바로 시작할 수 없는 해방 영어 수준이었기 때문이다. 하지만 내가 더 놀란 것은 다른 데 있었다.

아이린은 우리나라 최고 대학 중 하나인 K대학교를 졸업하고 석사 학위까지 딴 뒤 육아 휴직을 하기 전까지 고위 공무원으로 재직했다. 학력과 영어 실력이 비례하는 것은 아니지만 그런 스펙을 가진 분의 영어가 해방 영어 수준이라니.

40

회회는커녕 단어를 읽고 발음하는 파닉스부터 시작해야 했다.

수업을 시작한 지 몇 주 뒤, 나는 매우 조심스럽게 물었다.

"아이린, 영어가 이 정도인데 어떻게 명문대학교엘 가셨어요?"

의아해하는 나에게 아이린은 자신의 이야길 털어놓았다.

"중학교 2학년 때부터 아예 영어 공부를 놓았어요. 수능에서 외국어 영역은 100점 만점에 40점대를 맞았어요. 나머지 세 영역은 모두 만점을 맞아 수능 특차 모집으로 대학에 입학했고요. 대학생 때도 제가 영어를 너무 못하니 같은 과 친구들이 혹시 학교에 잔디 깔아주고 들어왔냐고 농담을 했을 정도예요. 다행히 전공이 이과다 보니 대학 생활 중에는 영어가 크게 발목을 잡진 않았어요. 그런데 졸업 후엔 얘기가 달라지더라고요. 일하면서 지금까지 스카우트 제의를 꽤 자주 받았어요. 특히 외국계 기업에서요. 대우도 좋고 아이를 키우며 직장 생활을 하기에도 아무래도 국내 기업보단 좋겠죠. 마음은 당장이라도 옮기고 싶은데 영어 때문에 갈 수가 없어요. 회의는 기본이고 보고서 작성도 전부 영어로 해야 하니까요. 그래서 난생처음으로 영어 공부에 도전해보려고요. 선생님, 저 몇 년 열심히 하면 되지 않을까요?"

영어는 성실만이 답이다

아이린은 그렇게 나와 일주일에 세 번 수업을 시작했다. 수업이 끝난 뒤에는 철저한 복습을 통해 그날 배운 것을 복기했다. 집에서 혼자 공부를 하다 모르거나 궁금한 것이 생기면 아이린은 나에게 수시로 전화를 걸어와 물었고, 주말도 가리지 않은 채 영어 공부에만 매진했다. 처음에 결심한 대로, 그리고 나와 약속한 대로 육아 휴직 기간을 영어 공부에 올인했다.

복직 후에도 아이린은 멈추지 않았다. 평일에 하던 수업을 주말로 옮겨 공부를 이어갔다. 그렇게 열심히 공부한 결과 아이린은 해방 영어 수업을 한 지 채 1년도 지나지 않아 기본 회화와 독해가 가능한 수준에 이르렀다.

K대학교에 들어갈 만큼 공부머리가 있으니 그렇게 할 수 있었던 게 아니냐고 반문하는 사람도 있을 것이다. 하지만 나는 아이린이 얼마나 절실한 마음으로 공부했는지 알고 있기에 그 노력의 시간을 공부머리로만 치부할 수는 없다고 자신 있게 말한다.

이후 아이린이 이사를 가는 바람에 더 이상 수업은 함께하지 못했지만, 그 후에도 아이린은 영어 공부를 놓지 않고 원어민과 회화 수업을 계속하고 있다는 소식을 전해왔다. 이름만 대면 알 만한 외국계 제약 회사로 이직을 했다는 기쁜 소식과 함께 말이다. 지금은 영어로 회의는 물론 무리 없이 영어로 업무를 수행하고 있으며, 여전한 열정으로 박사 학위까지 받았다고 한다.

아이린이 말하는 영어 공부의 성공 비결은 간단하다.

"중요한 것은 기초가 잘 다져 있어야 하고, 꾸준히 해야 한다는 거예요. 뻔하디 뻔한 얘기라고 할 수 있지만 영어는 성실만이 답입니다. 성실하지 않으면 절대 할 수 없어요."

해방 영어 수업을 시작할 때 나는 엄마들에게 이 말을 강조한다.

"가늘고 길게!"

오랜 시간 수많은 학생들을 만나고 가르치며 깨달은 건, 영어를 비롯한 모든 외국어 공부는 초반에 너무 불타오르면 얼마 가지 않아 제풀에 꺾이고 금방 포기하게 된다는 사실이다. '가늘고 길게' 가기 위해서는 하루 10분 또는 일주일에 두 번 20분, 아니면 적어도 일주일에 한 번 1시간씩이라도 조금씩, 꾸준히 하는 것이다. 왜냐하면 영어는 언어이기 때문이다. 언어를 어찌 하루아침에 터득할 수 있겠는가? '가늘고 길게, 오래, 꾸준히'라는 쉽지만 어려운 비결을 명심하라.

철저한 루틴의 끝판왕,
결국…

제 우선순위는 영어라서요

'루틴routine'.

'어떤 것을 평소대로 하는 방식, 정해진 대로 하는 방식'이라는 뜻으로, 일상에서도 많이 쓰는 단어다. 루틴은 습관과도 비슷한 측면이 있다. 영어를 공부할 때 하루 10분, 주 1회 1시간 등의 계획을 세워서 꾸준히 공부하는 습관을 들이다 보면 그것이 루틴이 되기 때문이다. 다만 루틴이라고 해서 매일 해야 할 필요는 없다. 자주 할수록 효과는 높아지겠지만 '가늘고 길게' 가려면 꾸준히 하는게 더 중요하기 때문이다.

제인Jane은 그야말로 루틴의 끝판왕이었다. 처음에 제인은 다른 지역에서 이사 온 지 한 달 정도 됐으며, 새로운 보금자리에서 새로운 것에 도전하고 싶은 마음이 들어 영어 공부를 시작한다고 말했다. 초등학생인 두 딸의 영어 공부를 직접 봐주고 싶다는 바람과 함께 말이다. 그렇게 제인은 해방 영어 레벨부터 공부를 시작했다.

제인은 수업 시간에 집중하는 것은 물론 수업이 끝나면 같은 반 친구들과 함께 카페로 이동하여 스터디까지 하는 열정을 보여주었다. 월요일에는 내 수업과 스터디에 참석하고, 화요일과 목요일에는 지역 시립 도서관에 가서 그곳에서 무료로 진행하는 영어 회화 수업을 듣는다고 했다. 주 3일 동안 영어 수업에 매진하는 이유가 궁금해 왜 그렇게까지 열심히 하느냐는 질문에 제인은 이렇게 대답했다.

"지금 제 생활에서 가장 우선순위가 영어 공부라서요."

제법 거리가 떨어진 곳에 있는 시립 도서관까지 가는 것보다 내 수업을 더 듣는 게 시간적으로는 훨씬 효율적이겠지만 여러 형편을 고려해 무료 회화 수업을 통해 영어에 노출되는 시간을 늘리고 필리핀 원어민 선생님의 영어에 귀가 익숙해지고 싶다고 했다.

제인의 꾸준한 루틴과 열정은 결과로 나타났다. 처음에 함께 시작한 같은 반 학생들과 레벨 차이가 나기 시작하더니 월반에 월반을 거듭했고, 급기야 2년 반 만에 해방 영어반에서 초중급반이 되었다. 주 1회 수업을 들으며 초중급반으로 가려면 보통 5년 정도가 걸리는데, 제인은 그걸 2년 반 만에 해낸 것이다. 더 놀라운 사실은, 나와 2년 6개월 정도 공부하는 동안 쌓은 영어 실력을 바탕으로 학생들에게 영어를 가르치는 학원에 취업까지 했다는 사실이다.

삶이 가장 빛나는 순간

사실 내가 제인을 루틴의 끝판왕으로 소개하는 이유는 따로 있다. 나는 제인이 취업을 한 뒤에도 종종 만나 차를 마시며 사는 얘기를 나누는 사이가 되었다. 이때만큼은 선생님과 학생이 아닌 엄마와 엄마, 여자와 여자로 좀 더 편한 시간을 갖는다.

어느 날 제인은 자신이 조만간 큰 수술을 하게 됐다며, 뇌종양이 발견됐다는 청천벽력 같은 소식을 전했다. 눈물을 흘리며 소식을 전하면서도 긍정적으로 생각하려 애쓰는 제인의 모습이 무척 안쓰러웠다.

천만다행히도 수술은 성공적이었고, 얼마간의 회복 기간을 거쳐 제인은 다시 정상 생활이 가능해졌다. 이후 들은 제인의 영어 사랑은 다시 한 번 나를 깜짝 놀라게 했다. 이것이 내가 제인을 루틴의 끝판왕으로 소개하는 진짜 이유다.

"선생님, 제가 취업을 하면서 선생님 수업이나 도서관 수업을 들을 수 없다 보니 매일 아침 5시에 EBS에서 나오는 '왕초보 영어'를 보며 혼자 공부를 했어요. 방송을 보고 필기해서 외우고 녹음하면서요. 뇌수술이 아침 8시에 잡혔는데 저 그날도 새벽에 일어나서 방송 봤잖아요."

그 말을 듣는 순간 마음속 깊은 곳으로부터 제인에 대한 존경심이 우러났다. 뇌종양을 제거하기 위한 큰 수술이었다. 지금이야 웃으며 얘기할 수 있지만 제인의 종양은 위치도 까다로운 곳이라 담당 의사도 걱정할 정도로 어려운 수술이었다고 한다. 그런 절체절명의 순간을 앞두고 매일 해오던 루틴대로 영어 프로그램을 보며 영어 공부를 했다니!

어떻게 그럴 수가 있나 싶을 것이다. 목숨이 오가는 수술 앞에서 정신이 나간

거 아니냐고 생각하는 사람도 있을 것이다. 하지만 정해진 시간에 정해진 분량을 루틴으로 정해 그것을 끝까지 지키려고 애쓰는 것, 그것이 제인의 삶을 지탱해준 기둥이 되어 주지 않았나 싶다. 그런 제인을 볼 때마다 나는 미국 작가 메이슨 커리가 쓴《리추얼》의 한 구절이 생각난다. '생산적인 내일을 만들기 위해 엄격히 지켜야 할 하루의 습관에 관한 책'이라는 평가를 받는 이 책에서 저자는 이렇게 말했다.

"매일 할 수 있는 일을 포기하지 않을 때 삶은 가장 빛난다."

04

배움에
나이가 무슨 상관인가요?

열정은 나이를 막지 못한다

내게 상담 신청을 해오는 엄마들은 성격도 나이도 매우 다양하다. 30대 후반에서 40대 초중반의, 아이를 키우는 엄마들이 가장 많고, 종종 20대 후반이나 30대 초반 엄마들도 있다. 흔치는 않지만 그 이상인 분들도 종종 있다. 하지만 상담 내용은 나이를 불문하고 거의 비슷하다. 이제 나이가 들어 다시 영어 공부를 하기엔 늦은 것 같다, 출산 후 육아에만 전념하다 보니 경력이 단절되어 앞으로 무얼 해야 할지 모르겠다, 날이 갈수록 자존감과 자신감이 떨어져 속상하다는 토로다. 그럴 때마다 나는 배움에는 때가 없음을 강조하며 엘라Ella의 이야기를 들려준다.

엘라는 나와 4년 넘게 회화 수업을 하고 있는 60대 중반의 여성이다. 수업 첫날, 나이 차이가 꽤 많이 나는 엄마들 사이에서 엘라는 당당하게 본인의 이야기를 꺼내놓았다.

엘라는 오랫동안 피부 관리실을 운영했다고 한다. 하지만 환갑을 맞이할 즈음 체력적으로 힘에 부친다는 생각이 들었고, 마침 그 무렵 육아 휴직 중이던 딸이 세 살 된 손녀를 두고 복직해야 하는 상황이 되었다. 엘라는 딸을 위해, 그리고 손녀를 위해 은퇴를 결심했고, 손녀가 놀이 학교를 마치고 돌아오면 함께 시간을 보내고 싶은 바람으로 영어를 배우기로 마음먹었다고 한다.

"손녀가 놀이 학교 마치고 집에 오면 2시 30분인데, 그러면 내가 간식을 먹이고 책을 읽어줘요. 시간이 날 때마다 한글 공부랑 수학 공부도 조금씩 시키고요. 아이가 똘똘해서 싫다는 소리 한 번 없이 잘 따라와주니 얼마나 고맙고 예쁜지 몰라요. 그리고 일주일에 한 번 집 근처에 있는 잉글리시에그 센터에 데려다주는데, 아이가 그 수업을 무척 재미있어 해요. 다녀와서는 집에서 혼자 노래를 흥얼거리고, 영어책을 읽지 못하는데도 혼자 들여다보고……. 그 모습을 보니 내가 이걸 읽어주면 얼마나 좋을까 하는 생각이 들더라고요. 그런데 내가 영어를 못하는 데다 발음도 좋지 않으니 자신이 없죠. 괜히 내가 읽어주다가 어린 손녀 발음을 망쳐 놓을까봐 걱정도 되고……. 딸한테 얘기했더니 딸이 그럼 엄마도 이참에 영어 공부를 시작해보라고 하면서 이 수업을 찾아서 등록까지 해줬어요."

대단한 할머니 아닌가? 그런데 더 놀라운 건 이런 열정을 보여주는 할머니가 한두 분이 아니라는 사실이다. 물론 그중에서도 엘라는 단연 으뜸이다.

엘라는 가장 기초반인 해방 영어반에서 단어 읽기 규칙과 발음 원칙을 배우는 것을 시작으로 4년째인 지금까지 나와 함께 공부하고 있으며, 기본 회화에 문제가 없을 만큼의 실력이 되었다. 하지만 엘라의 가장 큰 보람은 영어 공부를 한 계기대로 손녀와 영어책을 함께 읽을 수 있게 되었다는 것, 그리고 손녀가 놀다가 영어로 무언가를 물어봤을 때 대답을 해주고 짧게나마 영어로 대화가 가능하게 되었다는 데 있다.

무얼 망설이는 거죠?

사실 30~40대가 대다수인 엄마들 사이에서 주눅이 들 만도 한데 엘라는 본인이 조금 늦었다는 걸 인정하고는 누구보다 진지하게 그리고 열정적으로 수업에 임했다. 수업 시간에 이해가 안 되거나 어려운 부분은 체크해 놓았다가 수업이 끝난 뒤 카카오톡을 이용해 질문하고 확인했다. 수업 중에 질문을 너무 많이 하면 같이 수업을 듣는 젊은 엄마들에게 불편을 줄까봐 우려해서였다. 예순 살이 넘어 시작했지만 이를 4년 넘게 하고 있으니 실력이 늘지 않는 게 오히려 이상한 일 아니겠는가?

게다가 이런 엘라의 모습은 함께 수업을 듣는 다른 엄마들에게 긍정적인 자극이 되었다. 엘라를 보며 젊은 엄마들은 가슴에서 우러나온 존경의 마음을 전한다. 이런 엘라를 볼 때마다 열정엔 나이가 없다는 말을 실감한다.

나이가 많아 다시 영어 공부를 할 수 있을지 모르겠다는 20대 후반, 30대 초반 엄마들에게 나는 당신은 '이제 겨우' 20대 후반이고 30대 초반이라고 말하고 싶다. 열정에도 나이가 없지만, 배움에는 더더욱 나이가 없기 때문이다.

몇 년 전, 한 TV 프로그램에서 아흔의 나이에 영어 공부를 시작했다는 한 할머니의 사연을 본 적이 있다. 젊어서 남편과 사별하고 자식들을 키우느라 하고 싶었던 공부를 못하다 아흔이 돼서야 영어 공부를 시작하셨다고 했다. 길에서 마주치는 외국인을 그냥 지나치지 않고 먼저 다가가 말을 거는 모습이 꽤나 인상적이었다.

혹시 서른이라는 나이, 마흔이라는 나이가 부담되는가? 다시 영어 공부를 하기엔 늦었다는 생각이 드는가? 역시나 뻔한 말이지만 오늘이 당신 인생에서 가장 젊은 날이다. 지금 시작하면 5년 뒤, 10년 뒤에는 오늘과는 비교도 되지 않을 만큼 향상된 당신이 되어 있을 것이다. 무얼 망설이는가?

05

레벨 테스트 결과,
제 책만 달라요

문화를 즐기기는커녕 영어 지옥

처음 영어를 시작할 때 나는 엄마들에게 항상 '단기 목표'와 '장기 목표'를 세우게 한다. 그리고 함께 수업을 듣는 사람들과 이 목표를 공유한다. 이렇게 목표를 공유하면 마음을 다잡는 데 도움이 되고, 중간에 슬럼프가 와도 극복하기가 좀 더 쉽다. 예상대로 엄마들이 영어 공부의 장기 목표로 가장 많이 이야기하는 것은 '해외 한 달 살기'다. 한 달 살기의 가장 큰 목표는 아이로 하여금 다양한 경험을 하게 해주는 데 있을 것이다. 더 넓은 세계를 보여주고, 해외에 실제로 거주하면서 현지인들과 부대낄 수 있다는 점, 그 과정에서 자연스럽게 영어를 사용한다는 점에서도 좋다.

엠마Emma 역시 초등학교 4학년인 아들을 데리고 필리핀으로 한 달 살기를 떠나기로 결정했다고 전했다. 엠마는 나와 7년 넘게 공부하고 있는, 최장수 학생 가운데 한 명이다. 역시나 해방 영어반으로 시작했는데, 그릿GRIT(성장 Growth, 회복력Resilience, 내재적 동기Intrinsic Motivation, 끈기Tenacity의 앞 글자를 따서 만든 단어)이 워낙 뛰어나 영어 공부는 물론 뭐든 꾸준히 하는 모습이 보기 좋았다. 게다가 특별한 슬럼프 없이 7년 동안 일주일에 1시간씩 수업을 들은 만큼 기본 실력도 탄탄했다.

많이 알려져 있듯이 필리핀은 아이가 수업을 듣는 동안 엄마들도 엄마들끼리, 혹은 어학연수를 온 학생들과 함께 수업을 들어야 한다. 평소에 영어를 전혀 공부하지 않다가 아이 영어를 위해 필리핀으로 한 달 살기를 떠나는 엄마들이 가장 당황하는 부분이 이 대목이라고 한다. 하지만 실제로 대부분의 한국 엄마들은 한국 엄마들끼리 수업을 한다. 가장 레벨이 낮은 반에는 젊은이들이 많지 않기 때문이다. 게다가 실제로 수업에 참여해보면 왕초보반이라 불리는 Beginner Class도 엄마들이 생각하는 왕초보반보다 수준이 높다. 그렇다 보니 며칠 수업을 듣다가 힘들고 창피하다는 이유로 본인 수업을 아이 수업으로 돌리는 경우도 많다. 엄마의 수업비까지 모두 지불하고 온 만큼 돈을 그냥 날릴 순 없기 때문이다. 이렇게 되면 아이는 아침 8시부터 오후 5시까지 수업을 듣는 원래 스케줄에 엄마가 포기한 수업까지 들어야 하는 영어 지옥에 빠진다. 여유 있게 그 나라의 문화도 즐기고 영어 공부도 하려던 처음의 목표는 온 데 간 데 없고 눈떠서 잠들기 전까지 영어 수업만 받다 돌아오는 것이다.

과장된 이야기로 들리는가? 필리핀 어학연수를 전문으로 하는 어학원에서 꽤 자주 일어나는 일이다.

영어는 보험이다

엠마는 필리핀으로 한 달 살기를 떠나기 전부터 수업 때마다 나에게 걱정을 한 보따리 풀어놓았다. 실제로 해외에 나가 공부를 해보는 건 처음이라 걱정이 커보였다. 아이 앞에서 망신당할까봐, 영어를 못해 혹시라도 불이익을 당할까 봐 하는 두려움도 컸다.

"걱정 마세요. 장담하는데, 여느 엄마들보다 엠마가 훨씬 잘할 거니까요. 제 말 믿어보세요."

그렇게 엠마는 아이를 데리고 필리핀으로 떠났고, 레벨 테스트를 마친 뒤 기쁨의 메시지를 보내왔다.

"쌤~ 어제 레벨 테스트 봤는데 다른 사람들은 다 똑같은 교재를 받았는데 저만 다른 교재를 받았어요. 제 책이 더 어려워요."

예상대로 엠마는 레벨 테스트에서 좋은 결과를 받아 높은 반에 배정됐다. 그렇게 시작부터 기분 좋게 새로운 도전을 시작했고, 한 달 뒤 엠마와 아들은 밝은 표정을 가득 안고 한국에 돌아왔다.

필리핀에서 돌아온 뒤, 엠마는 필리핀에서의 에피소드를 많이 들려줬다. 엄마들 중 유일하게 엠마만 다른 나라에서 온 20대 초반의 젊은이들과 함께 수업을 들었다고 한다. 돌아온 지 얼마 되지 않아 다음해 한 달 살기를 등록했음은 물론이다. 엠마뿐 아니라 아들인 예찬(가명) 역시 한 달 살기를 통해 영어에 자신감을 얻고 돌아온 것은 당연하다. 여담이지만 예찬이는 필리핀에 다녀온 뒤로 사람을 만날 때마다 "우리 엄마, 영어 진짜 잘해요"라며 자랑을 늘어놓는다고 한다.

흔히들 영어 공부를 보험에 비유한다. 많은 사람들이 평소에는 보험의 중요성과 필요성을 느끼지 못한다. 그러다 몸에 병이 생겨 아파봐야 절감한다. 하지만 이미 늦었다. 이미 병이 드러난 뒤에는 들 수 있는 보험이 거의 없거나 많은 돈을 내야만 가입할 수 있기 때문이다. 영어도 마찬가지다. 미리 영어 공부를 해놓지 않으면 소용없다. 막상 영어가 필요할 때 부랴부랴 공부한다고 그게 어디 한 번에 되겠는가. 노후에 필요할 것이 자명하니 모두들 미리 들어놓은 보험처럼 영어 공부도 미리 해놓길 권한다.

06

엄두도 나지 않던 엄마표 영어,
5년째입니다

엄마표 영어를 하지 못하는 세 가지 이유

나는 엄마들의 영어 실력 향상을 위해 엄마들에게 영어를 가르치는 한편, 같은 엄마의 입장에서 '엄마표 영어'에 관한 이야기도 자주 나눈다. 엄마들이 털어놓은 얘기를 종합해볼 때 '엄마표 영어'를 하지 않는, 혹은 하지 못하는 이유는 크게 세 가지다.

첫째, 엄마표 영어에 대해 제대로 알지 못해서다. 엄마들이 '엄마표 영어'에 대해 가지고 있는 가장 큰 오해는 엄마가 영어 선생님이 되어 아이를 가르쳐야 한다고 믿고 있다는 점이다. 하지만 어느 정도 영어를 한다고 해도 영어 선생님이 될 수 있는 엄마는 많지 않다. 이렇게 처음부터 엄마표 영어를 잘못 이해하고 있으니 아예 시작할 생각도 없다. 그러다 어느 정도 나이가 되면 마치 수순을 밟듯 아이를 영어 학원에 보낸다.

두 번째 이유는, 엄마표 영어가 좋은 건 알지만 매일 적지 않은 시간을 투자할 자신이 없어서다. 아이에게 영어책을 읽어주고 동영상에 노출시켜 주는 것이 자연스러운 방법인 것은 다들 알고 있다. 하지만 그만큼의 시간을 투자할 수 있는 실질적 혹은 심리적 여유가 누구에게나 있는 것은 아니다. 결국 엄마표 영어를 한다 해도 중간에 포기할 가능성이 높다고 판단, 역시나 아이를 학원에 보낸다.

엄마들이 엄마표 영어를 하지 못하는 세 번째 이유는 자신감 부족이다. 마음속으로는 아이와 함께하고 싶고 시간도 가능하지만 엄마가 자신의 실력을 믿지 못하고 또 할 수 없을 거라고 믿기 때문이다. 앞에서 나도 아이와 엄마표 영어를 하고 있다고 밝혔다. 그렇다 보니 종종 유튜브나 SNS에서 엄마표 영어를 하는 분들을 보곤 한다. 그런데 실시간 댓글을 보면 이런 고민이 많다.

"저도 해주고 싶은데 제가 너무 영어를 몰라서 엄두가 나질 않네요."

"동영상이 무슨 내용인지 전혀 이해가 안 되는데 같이 보는 게 무슨 의미가 있을까요?"

"영어 그림책은 읽어주지 못하는 게 많아 세이펜이나 CD로만 들려줘요. 그런데 종종 CD가 없거나 세이펜이 안 되는 그림책은 읽어줄 수가 없어요."

직업적 특성상 이런 고민들이 유독 더 눈에 띌 수도 있지만 이런 댓글이 생각보다 많이 달리는 것은 사실이다. 그리고 내 주변에도 이런 이유로 엄마표 영어를 실천하지 못하는 분들이 꽤 많다.

준비된 엄마, 준비된 영어

나와 수업을 함께한 지 꽤 오래된 헤더Heather가 어느 날 수업이 끝난 뒤 엄마표 영어에 대해 물어보았다. 들어 보니 (당시) 세 살인 아들과 엄마표 영어를 하고 싶다는 게 요지였다. 가끔 내가 수업 시간에 엄마표 영어 얘기를 하면서 딸아이의 영어가 어느 정도인지, 어느 정도 수준의 문장을 구사하는지 들려주곤 했었기에 헤더의 질문이 의외라는 생각은 들지 않았다.

헤더는 자신이 아이에게 읽어주고 있는 영어 그림책을 보여주며 앞으로 어떻게 진행하면 좋을지를 물었다. 헤더의 요청에 나는 영어 동영상 몇 개를 추천하고 어떤 그림책을 하루에 얼마나 읽어주는 걸로 시작하면 좋을지를 함께 의논했다. 이후 헤더는 아이와 함께 동영상을 보고 그림책을 읽어주면서 꾸준히 엄마표 영어를 진행했다. 그 과정에서 헤더의 실력도 향상했고, 읽어줄 수 있는 그림책의 수준도 계속해서 높아졌다.

어느덧 일곱 살이 된 아들을 두고 헤더의 고민은 다시 시작되었다. 헤더의 남편은 외항사 파일럿인데, 아빠 입장에서는 이런 모습이 만족스럽지 않았나 보다.

"이제 영어 학원에 보내야 하지 않겠어? 내년이면 학교에 들어갈 텐데……."

이 말에 고민이 많던 어느 날, 세 식구가 외식을 하던 중 아이가 영어로 "Daddy, this is what I like.(아빠, 이게 바로 제가 좋아하는 거예요.)"라고 말했다고 한다.

다음 날 수업에 온 헤더는 재밌다는 표정으로 이렇게 말했다.

"선생님, 저희 남편은 속으로 '지금까지 네가 하고 싶다는 엄마표 영어 실컷 해봤으니 이제 학원에 보내야지?'라고 생각했었나 봐요. 그런데 그날 일로 남편이 꽤나 놀란 눈치예요. 아이가 그날 이후로 종종 영어로 말하는데 남편이 글쎄

'이건 영어 학원에 가서 ABC부터 배워선 절대 할 수 없는 거야'라고 하는 거 있죠. 더 웃긴 건 그 후론 아이 영어 학원에 보내라는 말을 안 해요."

나는 그런 헤더에게 그건 하루아침에 이루어진 일이 아닌, 5년이라는 시간 동안 꾸준히 해온 결과라고 말해주었다.

헤더의 사례에서 보듯 엄마표 영어를 시작할 자신이 없는 분들은 엄마가 먼저 영어 공부를 시작하는 것도 방법이다. 엄마는 전혀 준비되지 않았으면서 아이에게만 잘하기를 바랄 수는 없다. 해방 영어를 통해 기초를 다지고, 엄마표 영어에 대한 책을 통해 방법을 습득한 뒤 도전한다면 당신도 헤더와 같이 될 수 있다.

07

흔들리는 순간,
성공과 실패를 결정하는 것은

꾸준히 하느냐, 포기하느냐는 한 끗 차이

이쯤에서 의문이 들 것이다. 그렇다면 해방 영어를 시작한 분들은 하나같이 영어와 친해지고 영어에서 자유로워졌을까? 당연히 아니다. 성공한 사람도 많지만 실패한 사람은 더 많다. 처음에는 모두 넘치는 열정을 가지고 시작했다. 하지만 짧게는 한 달, 길게는 6개월 또는 1년 뒤엔 상황이 달라졌다. 계속 공부하고 있는 사람보다 그만둔 사람들이 훨씬 많았다. 그렇다면 꾸준히 공부하는 사람과 그렇지 못한 사람의 가장 큰 차이점은 무엇일까?

내가 오랫동안 영어를 가르치며 생각한 핵심 키key는 그릿GRIT이다. 널리 알려져 있듯이 그릿은 자신이 세운 목표를 향해 포기하지 않고 꾸준히 노력할 수 있는 능력을 말한다. 다시 말해 자신이 세운 목표를 위해 열정을 갖고 어려움을 극복하며 지속적인 노력을 기울일 수 있는 마음의 근력이다. 그릿을 갖추기 위해서는 다음의 네 가지가 필요하다.

① 스스로 노력하면 더 잘할 수 있으리라는 '능력 성장 믿음Growth Mindset'
② 역경과 어려움을 도약의 발판으로 삼는 '회복탄력성Resilience'
③ 자신이 하는 일 자체가 재미있고 좋아서 하는 '내재 동기Intrinsic Motivation'
④ 목표를 향해 불굴의 의지를 가지고 끊임없이 도전하는 끈기Tenacity'

해방 영어를 시작하기로 마음먹은 엄마들에게는 이 중 '능력 성장 믿음'과 '내재 동기'가 이미 장착되어 있다. 학창 시절에는 놓쳤지만 지금 시작해도 할 수 있지 않을까 하는 자기 자신에 대한 믿음과 동기가 있으니 결심이 가능했다. 이제 여기에 '회복탄력성'과 '끈기'를 더하면 된다. 그릿은 자기 동기에서 시작해 자기 조절력으로 완성되며, 그릿을 발휘해야 성취를 이뤄나갈 수 있다.

언어는 하루아침에 이루어지지 않는다

한 번은 이런 일이 있었다. 발음과 강세를 연습하며 한참 수업에 집중하고 있는데 갑자기 한 엄마가 울음을 터트린 것이다. 나는 물론 함께 공부하던 다른 분들 모두가 당황했고, 나는 그분의 등을 쓰다듬으며 물었다.

"왜 그러세요? 잘 안 돼서 그러세요?"

예싱대로 그분은 "왜 이렇게 생각처럼 안 될까요? 다른 분들은 다 잘하시는데 저만 못하니까 속상해요"라고 대답했다.

그렇다면 정말 그분만 못하고 다른 분들은 다 잘하고 있었을까? 당연히 아니다. 본인 스스로 자기가 가장 못한다고 생각했을 뿐이다.

《회복탄력성》의 저자 김주환 교수님도 말했듯이 사람들은 회복탄력성의 개념을 자주 오해한다. 가장 흔하게 볼 수 있는 오해가 회복탄력성을 어떤 상황에서도 반드시 이뤄내겠다는 집념의 마음가짐으로 생각한다는 것이다. 남들은 얼마나 잘하는지, 저 사람이 나보다 얼마나 뛰어난지 신경 쓰는 것은 자연스러운 일이다. 하지만 그 마음이 과해 속상하다는 생각이 들고 사람들 앞에서 눈물까지 난다는 것은 '회복탄력성'이 부족한 것이다. 회복탄력성의 의미대로라면 영어 공부를 하는 뚜렷한 목적의식과 방향성을 생각하면서 실력이 바로 상승하지 않아도, 기다림의 시간이 있더라도 자연스럽게 받아들여야 한다. 그래야만 실패에 대한 두려움에서 벗어날 수 있다. 고작 한두 달 공부하고 내 맘대로 되지 않는다고 속상해하고 좌절하는 것 자체가 영어를 다시 공부하는 과정을 객관적으로 보지 못하고 있다는 반증이다.

끝까지 남는 사람이 결국 승자

카렌Karen은 해방 영어반으로 시작해 다른 지역으로 이사를 가기 전까지 나와 꽤 오랜 시간 영어를 공부했다. 하지만 해방 영어반에 있을 때부터 회화반으로 올라가 나와 헤어지기 전까지 4년이라는 시간 동안 카렌은 한 번도 자신이 공부하는 반에서 두드러지게 튀어본 적이 없는, 좀 더 솔직하게 말하면 잘해본 적이 없는 학생이었다. 하지만 카렌은 자신이 다른 사람들보다 못한다는 사실에 전혀 스트레스를 받지 않았다. 오히려 늘 의연하고 긍정적이었다.

"선생님, 제가 학교 다닐 때 남들보다 영어 공부를 덜했으니, 아니 안 했으니 실력이 천천히 느는 게 당연하지 않아요?"

카렌이 4년간 영어를 공부하는 동안 함께 해방 영어반에 있던 분들 중 일상 회화가 가능한 회화반까지 간 사람은 카렌밖에 없다. 결국 4년 뒤 가장 잘하는 사람은 카렌이 된 것이다. 프리랜서 메이크업 아티스트로 일하며 웨딩 촬영이나 결혼식이 있는 날이면 새벽 같이 출근하면서도 카렌은 화요일 오전 10시면 어김없이 나를 찾아왔다. 마음만 먹으면 언제든 해외로 자유여행을 떠날 정도의 수준이 된 카렌은 이제 영어에 여한이 없다고 한다. 바로 이런 분들이 회복탄력성이 좋고 그릿이 뛰어난 분들이다.

간혹 6개월이나 1년 정도 열심히 수업을 들으면 어느 날 갑자기 영어 문장이 다 들리고 술술 말문이 터진다고 생각하는 분들이 있다. 이건 말 그대로 판타지다. 영어를 비롯한 모든 언어는 하루아침에 이루어지지 않는다. 하지만 이거 한 가지는 확실히다. 쉽지는 않지만 꾸준히 하면 실력은 조금씩 는다. 이건 분명한 사실이다.

벙커 탈출,
이제 해방의 창공을 날아요

모든 이유의 중심에는 아이가 있다

나도 엄마가 되기 전까지는 '모성애'라는 단어나 '조건 없는 사랑' 같은 말들이 다른 사람들의 이야기인 줄로만 알았다. 아이를 낳는다고 갑자기 모성애라는 것이 생기는지 의아했고, 어떻게 내가 아닌 다른 존재를 나보다 더 사랑할 수 있다는 건지 의심했다. 물론 아이를 낳기 전까지의 생각이다. 지금은 표현 그대로 나보다 더 내 아이를 사랑하고, 사랑함에 있어 조건 따위는 들어올 자리조차 없으니 말이다. 앞에서도 언급했지만 10년 이상 엄마들과 영어 수업을 하면서 도출해낸 결론은, 영어를 시작한 동기가 무엇이었든 모든 이유의 중심엔 결국 '내 아이'가 있다는 점이다.

앞서 이야기한 루틴의 끝판왕 제인을 기억하는가? 뇌수술 당일에도 평소처럼 새벽에 일어나 〈EBS 왕초보 영어〉 프로그램을 시청했다고 하여 나를 놀라게 한 주인공 말이다. 그런 제인과 얼마 전 통화할 일이 있어 대화를 나눴는데, 그녀는 여전했다.

"선생님, 저는 영어를 공부하면서 정말이지 인생이 달라졌어요. 취업해서 돈도 벌고, EBS 왕초보 영어 진행자랑 원어민도 만나고 개인적으로 연락도 하게 됐으니 성덕(성공한 덕후)이죠. 무엇보다 제 아이들이 영어를 잘한다는 게 놀라워요. 중학교 2학년인 첫째는 다른 과목은 특별히 잘하지 못해도 영어만큼은 일년 내내 백 점이에요. 학교와 학원 선생님 모두 대단하다고 칭찬할 정도로요. 첫째는 영어를 일찍 시작하지도 않았고, 제가 4학년 때부터 듣기만 꾸준히 도와줬는데 영어를 이렇게 잘하는 걸 보면 제 영향이 있나 싶기도 해요. 선생님도 아시다시피 제가 영어 공부하면서 온 집안에 영어 단어를 써서 붙여놓고 하루 종일 영어 프로그램 보면서 따라 읽었잖아요. 그리고 이제 곧 중학생이 되는 둘째는 어렸을 때부터 영어를 잘했어요. 학원 선생님도 이왕이면 좀 더 크고 전문적인 영어 학원으로 옮기는 게 어떻겠냐고 하셔서 요즘 행복한 고민 중이에요."

영어 공부, 꼭 해야 해요

육아 휴직 중 해방 영어반에 들어와 평일과 주말, 밤낮을 가리지 않고 공부에 매진해 외국계 제약 회사로 성공적인 이직을 한 아이린 역시 제인과 같은 맥락의 이야기를 했다.

"선생님, 저는 외국계 회사로 이직하고 박사 과정을 하려고 영어 공부를 다시 시작했지만 제가 영어 공부를 하길 참 잘했다고 생각한 건 제 아들 영어를 봐줄 때였어요. 저는 이제 목표를 이룬 만큼 살짝 느슨해지던 참이었거든요. 그런데 저희 아들이 2년간 영어 유치원을 다녔잖아요. 여섯 살에 처음 영어를 시작했는데, 아이 선생님께 저희 아이가 놀라울 정도로 리스닝에 뛰어나다는 피드백을 받았어요. 다 알아듣는 거나 마찬가지래요. 기분이 좋았지만 그럴 리가 없다고 대답하고 끊었는데, 곰곰이 생각해보니 그럴 수도 있겠다는 생각이 들어요. 제가 공부하느라 하루 종일 틀어놓았던 영어를 아이가 갓난쟁이였을 때부터 다 듣고 있었더라고요. 그걸 제가 몇 년을 했으니 아직도 엄마 리스닝은 답답한데 아이는 귀가 뚫린 거죠. 제 귀가 더 뚫려야 하는데 말이죠. 그런 데다 제가 꽤 오랜 시간 재택근무를 하면서 유치원에 제대로 가지 못하는 아이랑 틈틈이 영어를 공부하고 연습했거든요. 그 덕분인지 저희 아이 자신감이 엄청 올라갔어요. 심지어 요새는 자기가 영어를 거의 완벽하게 한다고 착각하고 있을 정도예요. 제가 영어를 공부하지 않았더라면 아이를 전적으로 유치원에 맡겼을 거예요. 그런데 제가 영어 공부를 한 덕분에 아이 수준을 확인하고 또 필요한 공부는 함께해 줄 수 있으니 뿌듯해요."

그러면서 아이린은 이렇게 덧붙였다.

"그래서 결론은요, 선생님. 엄마들 영어 공부 꼭 해야 해요. 아이를 가르치지는 못해도 아이가 유치원이나 학교에서 배우는 책 함께 들여다보면서 무얼 배우는지, 이해는 얼마나 하고 있는지 정도는 알 수 있어야 해요. 저 오지랖 넓은 거 아시죠? 요즘 만나는 임산부들한테 맨날 미리미리 영어 공부하라고 얘기하고 다녀요."

듣기만 해도 하루의 기분이 쭉 올라가는 전화다. 학창 시절에는 점수를 깎아먹는 원수였고, 성인이 돼서는 취업과 사회생활을 가로막고 발목을 잡는 방해물이었던 영어가 이제는 나의 자존감을 올려주고 웃게 해주는 고마운 선물이라니 참으로 아이러니하다.

이런 기쁨을 많은 분들이 누리셨으면 좋겠다. 자신감으로 가득한 얼굴을 더 많은 분들에게서 봤으면 좋겠다. 자존감을 높여주는 동시에 사랑하는 내 아이와 함께할 수 있는데 도전하지 않을 이유가 없지 않은가. 그럼 이제부터 어떻게 영어 공부를 해야 하는지 차근차근 공개하겠다.

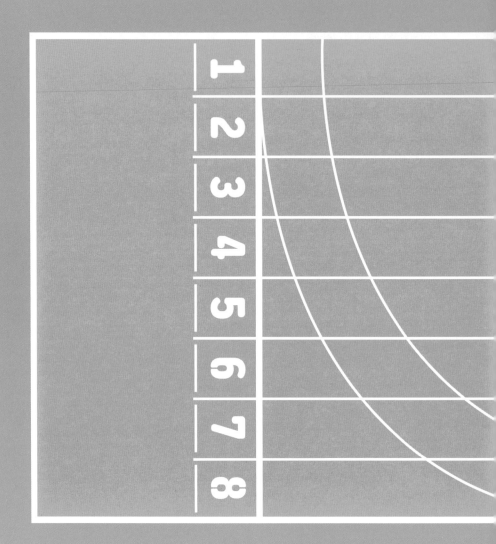

일러두기

원어민의 음성은 로그인 유튜브에서 들으실 수 있습니다.
'더보기'에서 해당 페이지를 누르면 음원이 재생됩니다.

PART3

다섯 개의 모음과
읽기 규칙

모음과 자음
바로 알기

해방 영어의 목표는 기초 회화

이제 본격적으로 해방 영어를 시작하려 한다. 한글을 공부할 때 'ㄱ, ㄴ, ㄷ'으로 시작하는 자음과 '아, 야, 어, 여'로 시작하는 모음을 가장 먼저 익힌다. 영어도 마찬가지로 모음과 자음을 익히는 것으로 시작한다. 철자상 모음은 'a, e, i, o, u' 이렇게 5개이고, 나머지는 모두 자음으로 분류한다.

- 모음: a, e, i, o, u
- 자음: 모음을 제외한 나머지 알파벳

우선 모음의 철자는 5개뿐이지만 모르는 영어 단어를 읽는 게 어렵다고 느껴진다면 그건 모음 때문일 가능성이 높다. 왜냐하면 모음이 결합하는 방법, 그리고 모음의 자리에 따라 소리가 달라지기 때문이다. 그래서 모음의 소리를 최대 25개까지 분류하는 음성학자도 있으며, 조금씩 다르긴 하지만 학자들은 19~25개의 모음이 있다고 이야기한다. 어쨌든 5개의 알파벳으로 최소 20개 정도의 소리를 만들어내고 있으니 그 규칙이 복잡할 수밖에 없다.

자음은 모음인 a, e, i, o, u를 제외한 나머지 철자들이다. 자음은 모음에 비해 규칙이 어렵지는 않지만 자음 중에서도 한 가지 이상의 소리를 가지는 철자도 있고, 무엇보다 엄마들이 자음을 어떻게 발음해야 하는지 정확히 알지 못해서 자신 있게 소리를 내지 못하는 경우가 많다. 흔히 콩글리시라고 하는데, 알파벳 L은 한글 '르', P는 '프'과 발음이 같다고 생각하며 소리를 내는 것이다. 여기에 추가로 'l, r, w, y'가 모음의 성질을 어느 정도 가지고 있다 해서 '반모음'이라고 부르는데, 정확히 말하면 모두 자음에 속한다.

해방 영어에서는 모든 모음과 자음을 정확히 발음하는 원리, 규칙을 완전히 마스터하기 위한 발음법, 그리고 파닉스의 모든 것을 알려주지는 않을 것이다. 그보다는 해방 영어의 첫 번째 목표, 즉 기초 회화를 시작할 수 있는 수준의 실력을 만든다는 목표에 집중하려 한다. 엄마들이 어려워하고 알고 싶어 하는, 그리고 반드시 알아야 하는 핵심 발음과 파닉스 규칙, 문법만 콕콕 집어 설명하겠다. 실제로 해방 영어반 엄마들이 상담 시 나에게 가장 많이 하는 요청도 모음의 규칙과 발음에 관한 것이다.

물론 A부터 Z까지 모든 모음과 자음의 원리와 규칙, 발음까지 공부할 수 있다면 더할 나위 없이 좋을 것이다. 그러나 해방 영어 엄마들의 요청은 조금 다르다. 예를 들면 모르는 단어 사이에 a가 포함되어 있으면 무조건 [ㅏ]라고 발음하는데, 왜 [ㅏ] 발음이 아닌 경우도 많은지, 그리고 어떤 경우에 a의 발음이 달라지는지를 더 궁금해한다. 마찬가지로 어려운 자음, 예를 들면 [f]와 [p]의 발음 방법 차이, [r]과 [l]을 어떻게 발음하는지 정확하고 자세히 알기를 원한다.

엄마들이 학교에서 영어를 배우던 시절에 이런 파닉스 규칙과 원리, 그리고 발음을 정확하게 배웠다고 하는 분은 아직 단 한 번도 만나지 못했다. 반면 'What'을 [홧], 'When'을 [휀]이라고 발음한 영어 선생님, 그리고 그 영향으로 잘못된 발음이 고착화되어 이를 바른 발음으로 고치는 데 반년 이상 걸린 경우는 의외로 많았으니 웃지 못할 얘기다. 어쨌든 우리는 지상으로의 탈출을 목적으로 우선 알아야 할 핵심 발음과 규칙들을 먼저 공부할 것이다. 그 전에 모음과 자음을 다시 한 번 정리하고 넘어간다.

• 모음: a, e, i, o, u

: 철자 5개로 19개에서 최대 25개의 소리를 낸다. 모음끼리 혹은 자음과 결합하는 방법, 자리에 따라 많은 소리를 만들어내므로 같은 a라고 해도 경우에 따라 다른 소리가 난다.

• 자음: 모음(a, e, i, o, u)을 제외한 나머지 알파벳 철자 모두

: 모음의 성질을 반 정도 가지고 있다 해서 l, r, w, y를 반모음이라 부르기도 하는데 원칙적으로는 자음이다. 그러나 이런 반모음 성질의 자음들이 모음과 결합하는 경우가 다반사로 일어난다.

발음 기호에 익숙해지려면

모음과 자음을 확실히 구분했으면 이제 단어들을 보며 정확한 발음과 단어를 읽는 규칙, 즉 파닉스를 연습할 것이다. 대부분 알고 있는 쉬운 단어와 조금 어려운 단어를 함께 예시로 들 것이다. 쉬운 단어를 보고 읽으며 발음과 파닉스 규칙을 익힌 뒤 조금 어려운 단어로 넘어가 실전에 적용하는 연습이다. 단어를 설명하면서 몇몇 중요 단어에는 발음 기호를 표기해 놓았는데, 먼저 귀로 원어민의 발음을 반복해서 듣는 것(QR코드)이 중요하다. 귀를 열고 처음에는 스펠링을 보면서 듣고 두 번째는 발음 기호를 보면서 들어야 한다. 발음 기호는 영어 단어를 정확하게 읽는 데 절대 빠질 수 없는 요소이기 때문이다.

이 말에 벌써 두려워하는 분들이 있을 것이다. 발음 기호를 읽을 줄 모르기 때문이다. 하지만 걱정할 필요가 없다. 10년 이상 수업을 하면서 발음 기호가 어려워 제대로 익히지 못하는 경우는 단 한 번도 보지 못했으니 말이다. 모두들 시작하기 전에는 '그 첫 번째 예외가 내가 되겠군' 하며 걱정하지만 발음 기호를 익히는 것은 생각보다 굉장히 간단하다. 가령 아이에게 영어 그림책을 읽어주다가 모르는 단어를 발견했다고 치자. 그럴 때는 아이와 영어 사전을 찾아보면 된다. 예를 들어 'enjoy'라는 단어를 찾으면 이렇게 나온다.

출처: 네이버 사전

0~ 3000 ★★

enjoy
1. 즐기다 2. 즐거운 시간을 보내다 3. 누리다

발음　미국·영국 [ɪnˈdʒɔɪ]

🔊 All　🇺🇸 US　🇬🇧 GB　🇦🇺 AU　 IN　 23

동사형　　3인칭 단수 현재 enjoys　과거형 enjoyed　과거 분사 enjoyed　현재 분사 enjoying

가장 먼저 눈이 가는 곳은 '1. 즐기다 2. 즐거운 시간을 보내다 3. 누리다'라는 단어의 의미일 것이다. 눈에 들어오는 순서에 맞춰 단어의 의미를 확인하면 된다. 그 다음 눈에 들어오는 것은 바로 아래에 있는 '발음 듣기'일 것이다. 이것을 누르면 정확한 발음이 나오는데, 귀로는 발음을 들으면서 눈으로는 '스펠링'을 확인하면 된다. 그리고 마지막으로 '발음 기호'를 보며 소리를 이해하고 기억하면 된다.

생각보다 많은 분들이 이 단어를 [엔조이]라고 발음한다. 그러나 위의 발음 기호에서 보듯이 [ɪnˈdʒɔɪ]가 맞는 발음이다. 첫 스펠링의 'e'가 [ɪ : 이] 발음이고, 'joy'가 단순히 'ㅈ' 소리가 아니라 입술을 앞으로 쭉 내민 상태로 발음해야 하는 '줘이'다. 그리고 이 단어의 강세는 [인줘이]에 있다.

들은 다음에는 계속해서 정확한 발음으로 강세와 함께 소리 내어 입 밖으로 발음해 봐야 한다. 완전히 입에 붙을 때까지 말이다. 그래야 다음에 같은 단어가 나왔을 때 소리를 떠올리며 정확하게 읽을 수 있다. 이 연습이 매번 이루어져야 한다.

이 과정을 거치면 힘들게 영어 단어를 써가면서 스펠링을 외우고 기억할 필요가 전혀 없다. 학창 시절 일명 깜지를 채우며 공부한 경험이 있는 엄마라면 그 방식이 얼마나 비효율적인지 잘 알 것이다. 방금 제시한 방법을 꼭 기억하라. 이 방법은 아이들이 단어를 익힐 때도 똑같이 적용된다.

영어에서
공기 반, 소리 반이 뭐죠?

[f]와 [v]

❶ [f]

첫 번째로 설명할 발음은 [f]다. 대부분의 사람들은 [f]를 정확하게 발음하는 것은 자신 없어 하지만 어떻게 발음하는지는 대략 알고 있다. 워낙 많이 들어왔고 연습도 많이 해보았기 때문이다. [f]는 윗니로 아랫입술의 윗부분을 살짝 깨물었다가 풀어주면서 내는 소리다. 하지만 윗니로 아랫입술을 물기만 해서는 제대로 나지 않는다. 중요한 것은 공기를 내뿜는 데 있다. 윗니로 아랫입술을 살짝 깨물고, 아랫입술을 문 상태로 입 안의 공기를 밖으로 쥐어짜듯 내뿜어야 정확한 발음이 난다.

나는 엄마들과 [f] 연습을 할 때 티슈를 한 장 들어 입술 앞에 놓거나 손바닥을 입술 앞에 갖다 대게 한다. 윗니로 아랫입술을 물고 공기를 내뿜는 연습을 집중적으로 하는 것이다. 이때 입술 앞에 있는 티슈는 같은 진동으로 계속 흔들려야 하며, 손바닥으로 내뿜는 공기도 일정해야 한다. 이렇게 될 때까지 연습하면 [f] 발음이 보다 정확해진다. 단, 입술 사이로 공기를 내뿜는 걸 제대로 하지 못하고 윗니로 아랫입술을 물고만 있는 상태에서 발음하려고 하면 발음이 부정확해진다. 그래서 [f] 발음을 연습할 때는 크게 두 단계로 나누어 하면 좋다.

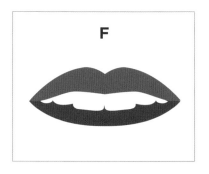

① 위쪽 치아로 아랫입술의 윗부분을 살포시 깨문다. 아랫입술에 이빨 자국이 남을 정도로 세게 물 필요는 없다.

② 그렇게 아랫입술을 살짝 문 상태로 공기를 밖으로 일정하게 내뿜는다. 이때 아랫입술을 문 윗니의 위치가 움직이지 않아야 한다. 문 치아와 입술 사이로 공기가 억지로 비집고 나가는 느낌이 나야 한다. 이제 아랫입술이 윗니에서 벗어난다.

이제 [f] 발음을 연습해보자. 다음에 나오는 단어들을 먼저 발음해 본 다음 원어민의 발음을 듣고 비교해보자. 원어민의 발음과 최대한 비슷해질 때까지 반복해서 연습해야 한다.(QR)

fat	fun	face	food	feet
뚱뚱한	재미	얼굴	음식	발

이렇게 단어의 첫 스펠링이 f인 단어들을 연습한 뒤에는 f가 중간이나 끝에 나오는 단어들도 연습해야 한다. [f]를 정확히 발음하면서 강세는 두지 않고 힘을 빼는 것이 생각보다 어렵기 때문이다. [f] 발음은 수업 시간에 몇 번 연습하면 대부분 정확하게 발음할 수 있지만 [f]에 강세가 들어가지 않도록 발음하는 것은 꽤 힘든 일이다. 이제 다음 단어들을 원어민의 발음으로 들어보면서 강세를 표시해보자.(QR)

benefit	muffin	tiffany	leaf
혜택	머핀	티파니	나뭇잎

safe	puff	knife
안전한	작은 양의 공기·연기	칼

[f] 발음은 단어의 어디에 위치하느냐에 상관없이 똑같은 방법으로 발음하면 된다. 단, 강세가 없는 음절의 [f]라면 강하게 읽어서는 안 된다. 그 부분에서 약간 힘을 빼고 입모양에만 신경 쓰면서 발음해보자. 그럼 이제 다시 단어의 강세에 유의하여 [f]가 포함된 음절에서 힘을 빼고 따라 읽어보자.

benefit	muffin	tiffany	leaf
[ˈbenɪfɪt]	[ˈmʌfɪn]	[tífəni]	[liːf]

safe	puff	knife
[seɪf]	[pʌf]	[naɪf]

그런데 스펠링에 f가 없음에도 [f] 발음이 되는 경우가 간혹 있다.
예컨대 많은 분들이 phone을 '폰'이라고 발음한다. 그러나 스펠링에
'ph'가 있을 경우 대부분 [f] 발음이 난다. 다음 단어들 속 'ph'를 [f] 발음이라
고 생각하며 들어보자.(QR)

phone	alphabet	graph	Phillip
전화	알파벳	그래프	필립

또한 -gh로 끝나는 경우에도 [f] 발음으로 나는 경우가 있다.(QR)

cough	tough	laugh	enough
기침	거친	웃다	충분한

스펠링 속 'ph'와 '-gh'가 [f] 발음으로 나는 단어들까지 연습하고 나면 어려
운 자음 중 첫 번째인 [f]가 끝난다. 이 챕터를 마치기 전에 처음으로 돌아가 단어
들을 다시 한 번 읽어보고 복습해보자. 그런 다음 아래에 나오는 문장들을 소리 내
어 읽으며 그 사이에 있는 영어 단어들을 정확하게 발음해보자.

① 이번에 은행에 가서 fund를 하나 가입했어.

② 나이가 드니 flower들이 어쩜 이리 예쁘니?

③ 원피스를 하나 샀는데 fit이 영 마음에 들지 않아.

④ 바빠서 그러는데 나 대신 이 fax 좀 보내줄 수 있어?

⑤ 고급 브랜드 모델로서 갖는 benefit은 뭐가 있나요?

⑥ 우리 딸의 새 남자 친구 이름은 Phillip이야.

❷ [v]

두 번째로 설명할 발음은 [v]다. 의외로 엄마들이 [v]를 어떻게 발음하는지 정확하게 알지 못하는데, 결론부터 말하면 [v]는 [f]를 발음하는 것과 입술 모양과 원리가 같다. 윗니로 아랫입술을 깨문 상태에서 공기를 밖으로 쥐어짜듯 일정하게 내뿜으며 'ㅂ' 발음을 하면 된다. 다만 무성음인 [f]와는 달리 [v]는 유성음이다.

그럼 무성음은 무엇이고, 유성음은 또 무엇일까? 무성음과 유성음은 발음할 때 성대가 울리는지 울리지 않는지 여부로 결정한다. 성대가 울리면 유성음이고, 성대가 울리지 않으면 무성음이다. 좀 더 쉽게 설명하면 [f]를 발음하는 순간 목에 손을 대면 성대가 한 번 움직이는 걸 제외하고는 떨리지 않는다. 반면 [v]를 발음하는 동안에는 핸드폰이 진동하는 것처럼 성대가 떨린다. 발음을 멈출 때까지 말이다. 그러니까 [f]는 무성음이고 [v]는 유성음이어서 목에 손을 대고 [v]를 발음하고 있는데 성대의 진동이 느껴지지 않는다면 [v]를 정확하게 발음하고 있는 것이 아니다. 그냥 우리말의 'ㅂ'처럼 할 경우 이렇게 될 확률이 높다. 왜냐하면 유성음을 발음할 때는 누구나 자신의 성대가 진동하는 것을 확실히 느낄 수 있기 때문이다.

아직도 감이 오지 않는다는 분들을 위해 한 가지 팁을 주면, [v] 발음 직전에 '(으)' 소리를 내면 좀 더 수월하다. 물론 다른 사람이 들을 만큼 크게 내는 것이 아니라 나만 들을 수 있을 정도로 작게 내야 한다. 이렇게 '(으)' 소리를 내면 위에서 설명한 성대가 울리는 유성음을 낼 준비가 된다. 예를 들어 연예인이 타는 'van'을 발음할 때도 [væn : (으) 밴(v)]으로 발음하면 소리가 더 정확해진다.

이제 설명한 부분에 유의하여 다음에 나오는 단어들을 발음해보자.
그런 다음에는 원어민의 발음을 듣고 반복해서 따라해보자.(QR)

van	vest	video	voice
밴	조끼	비디오	목소리

[v]를 발음할 때는 [f]와 마찬가지로 윗니로 아랫입술을 문 상태로 하되 단어의 강세가 어디에 있는지를 꼭 확인해야 한다. 발음 실수 중 상당수가 v가 포함된 음절 중 강세가 없는 단어에서 나온다. [f]와 마찬가지로 [v] 발음을 정확히 하려고 애쓰느라 그 음절에 힘이 들어가기 때문이다.

먼저 단어들의 강세를 정확히 확인한 뒤 발음은 정확히 하되 힘을 뺀다는 의미가 무엇인지 생각하며 다음 단어들을 발음해보자.

silver	cover	television	have	olive	navy
은	덮개	텔레비전	가지다	올리브	해군

이들 단어 중 silver는 [ˈsɪlvər] 씰(v)버r라고 발음해야 한다. 그런데 많은 분들이 씰버r, 즉 단어 전체를 모두 똑같이 강하게 발음한다. silver에서 -ver는 강세가 없으므로 발음할 때 힘이 빠져야 한다. 이 연습이 충분히 이루어져야 have를 [해브]가 아닌 [해-브(v)] 라고 발음할 수 있다.

강세에 주의하면서 이번에는 원어민의 발음을 듣고 따라해보자. 아직 우리는 다른 발음 방법을 다 배운 상태가 아니기 때문에 다른 모음이나 자음을 어떻게 발음해야 하는지 모른다. 그러니 지금 단계에서는 연습 중인 [v]에 집중하여 어느 음절에 강세가 있는지에만 신경 쓰면 된다.(QR)

간혹 엄마들이 [v] 발음과 관련해서 당황하는 부분이 있는데, 바로 'of'가 나올 때다. 'of'는 스펠링에 'f'가 포함되어 있지만 발음 기호를 보면 [əv]이다. 즉 f 스펠링에서 [v] 발음이 난다. 여기에는 과학적인 이유가 있는데, 방금 설명한 것처럼 [f]가 [v]와 발음 원리가 매우 흡사하기 때문이다. 둘 다 윗니로 아랫입술을 문 상태로 공기를 내뿜으며 내는 소리다. [v]는 성대 안쪽에서 울림이 있는 유성음인 반면 [f]는 성대가 울리지 않는 무성음이라는 점을 제외하고 말이다. 어쨌든 'of'의 'f'에는 강세가 없어서 약하게 발음하기 때문에 같은 발음 원리의 [-v] 발음이 된다. 그래서 [f]와 [p]가 [ㅍ] 소리를 내며 비슷하다고 생각하겠지만 사실 [f]와 비슷한 소리는 [v]다. 좀 더 많은 연습을 위해 다음에 나오는 단어들을 정확하게 발음해보고 원어민의 발음을 들어보자.(QR)

five	of	visit	vote
다섯	~의	방문하다	투표하다

이제 [v] 발음을 정리하면서 아래 문장들에 포함된 단어들을 정확히 읽어보자.

① 나는 아이스크림 중에 vanilla 맛이 제일 좋아.

② 그 가수의 voice는 정말 감미로워요.

③ 요즘 volcano가 활발하게 일어나는 아시아 국가가 많다.

④ 겨울마다 독감 virus가 유행하네요.

⑤ 김연경 선수는 한국을 대표하는 volleyball 선수임에 틀림없다.

[p]와 [b]

같은 원리로 발음되는 [f]와 [v]처럼 [p]와 [b]의 발음 원리도 함께 이해해두면 좋다. 내가 해방 영어반 엄마들과 수업할 때마다 강조하는 게 있다. 바로 지금까지 알고 있던 기존의 발음 방식은 모두 잊으라는 것이다. 그러면 각각의 자음이 어떻게 발음되는지 알고 난 뒤에 영어를 들었을 때 확실히 이전과 다르게 들린다. 그리고 그걸 정확히 발음하는 연습을 반복하다 보면 발음 또한 놀라울 정도로 달라진다.

❶ [p]

먼저 [p]다. [p]를 발음하기 위해서는 먼저 윗입술과 아랫입술을 강하게 짓누르는 느낌으로 붙이면서 입술을 다물어야 한다. 그런 다음 최불암 배우가 하듯 '파' 하고 웃음을 터뜨리면서 숨을 내뱉는다. 그러면 입 안에서 공기가 '퍼지듯' 윗입술과 아랫입술이 떨어지는데, 바로 이때 정확한 [p] 발음이 난다. 이렇듯 강세가 있는 음절의 p를 발음할 때는 윗입술과 아랫입술 사이로 공기를 '퍼' 하고 내뱉으면 된다. 하지만 강세가 없는 음절이나 마지막 스펠링에 위치한 p는 강하게 공기를 뱉는 느낌이 없다. p가 포함된 음절에 강세가 없기 때문에 강하게 '프'를 하지 않는다. 대신 입술이 붙었다가 떨어지는 느낌으로 파열음을 내면 된다. 쉽게 말하면 '퍼' 하고 세게 내뱉는 것이 아니라 붙어 있던 윗입술과 아랫입술이 떨어지면서 그 사이로 공기가 약하게 '프' 하듯 빠져나가는 느낌이다. 먼저 공기를 세게 내뱉으면서 내는 p 발음을 연습해보자.

pan	pine	pie	pack
팬	소나무	파이	묶음

이 단어들은 모두 강세가 있는 첫 음절이 p로 시작하기 때문에 첫 p를 강한 'ㅍ'로 시작한다. 우리말의 'ㅍ' 소리보다는 공기를 훨씬 더 '팍' 터뜨리는 느낌이 들어야 한다. 충분히 연습해본 뒤 원어민의 발음을 듣고 반복해서 따라해보자.(QR)

이제 다음 단어들을 읽어볼 텐데 먼저 이 단어들의 강세가 어디 있는지 확인해보자. 모음이 두 개 이상인 단어들도 있기 때문이다. 그런 다음 p가 강세가 있는 음절에 포함되는지, 그리고 그 음절의 첫 소리인지 아니면 마지막 소리인지도 확인하자. 그에 따라 p를 발음하는 부분에서 공기를 내뱉는 양과 강도가 달라진다. 반복하건대, 강세 음절에 있는 p가 처음에 있는지 마지막에 있는지에 따라 내뱉는 공기의 양과 입술이 맞물리는 강도가 달라진다. 일단 아래의 단어들을 읽어보자.

apple	maple	captive	puppy
사과	단풍나무	억류된	강아지
step	bump	cape	mop
단계	부딪치다	망토	대걸레

이 단어들의 강세를 체크해보면 다음과 같다.

apple	maple	captive	puppy
[æpəl]	[meɪpəl]	[kæptɪv]	[pʌpi]
step	**bump**	**cape**	**mop**
[step]	[bʌmp]	[keɪp]	[mɑːp]

이 중 puppy는 첫 번째 철자인 p를 최불암의 '퍼'로 강하게 발음해야 하는 경우고, 나머지는 모두 힘이 빠진 상태에서 살짝 붙어 있던 입술을 살짝 떼며 발음하는 소리다. 녹색으로 표시한 모음이 강세가 있는 자리다. 이 모음을 제외한 소리에서는 어깨에 힘을 뺀 상태로 발음만 정확히 해야 한다. 이를 잘 생각하면서 원어민의 발음을 들어보자.(QR)

여기서 잠깐, 방금 읽은 단어들을 한 번 더 연습해보기 전에 강세에 대해 좀 더 자세히 설명하겠다. 해방 영어는 물론 기초를 탄탄히 다질 때 잊지 말아야 할 것이 바로 '발음'과 '강세'다. 단어를 익힐 때도 처음부터 발음과 강세를 함께 연습해야 정확하고 자연스러운 영어가 가능하다. 수업을 하면 할수록 엄마들의 발음이 점점 정확해지는 것을 볼 수 있는데, 강세를 신경 쓰지 않고 발음하면 듣기에도 어색하지만 콩글리시처럼 들리는 경우가 많다. 예를 들어 우리말로 '텐트'라고 할 때는 강세가 없다. 두 음절을 같은 세기로 말한다. 그러나 영어 단어 'tent'는 ['tent], 즉 [텐-t]라고 발음한다.

참고로 영어의 강세는 모음의 소리, 그러니까 'a, e, i, o, u'에만 적용된다. 사전에서는 모음 위에 ˈ 표시나 발음 기호 안에 ˈ 로 표기된다. tent['tent]도 ˈ 표시 바로 뒤에 오는 모음인 [e][ㅔ]에 강세를 둔다는 의미다. 좀 더 쉽게 설명하기 위해 앞에서 연습한 단어에 적용해보겠다.

- pan [ˈpæn][패엔-]

: 스펠링 'a'에 해당하는 발음 기호 [æ]는 단어 안에서 유일한 단모음으로, 반드시 강세가 [æ]에 와야 한다. 그 발음은 긴 [애에-]이므로 [팬] 하고 뚝 끊는 게 아니라 [ㅐ]를 강하게 읽는 동시에 [패엔-]으로 늘어지게 발음해야 한다.

- pine [ˈpaɪn][파-인]

: 소나무라는 뜻을 가진 pine은 뒤에 장모음 'i'에 대한 규칙이 나올 때 자세히 설명하겠지만, 발음 기호를 보면 스펠링 i에 해당하는 모음의 소리가 길다. [aɪ][아이]. 하지만 강세는 무조건 하나의 모음에만 존재한다. 그렇다면 pine의 모음 [aɪ] 중 강세는 어디에 올 것인가?

발음해보면 [a]에 강세가 온다는 걸 쉽게 예상할 수 있다. 그럼 [pa-]는 최불암 배우의 '파'처럼 강하게 나고 [-ɪn]은 힘이 빠진 소리가 나야 한다. [paɪn]으로 첫 p를 정확하게 발음해야 하는 건 기본이고, 강세를 잘 표현해야 이 단어를 제대로 읽을 수 있다.

이렇듯 단어에서 강세가 들어가는 음절은 반드시 강하고 길게, 여유 있고 정확한 입 모양으로 발음해야 한다. 당신의 영어가 원어민과 다른 이유가 발음에만 있다고 생각했는가? 사실은 '강세'에도 있었다는 것을 기억하라. 앞에 나온 단어 중 p 발음에 강세를 다르게 적용해야 하는 'puppy'의 예를 더 살펴보겠다.

이 단어는 두 음절 [pʌ / pi]에 모두 p가 포함되어 있다. 앞에서 첫 음절인 'pu-'에 강세가 있다고 설명했으니 첫 p에서 최불암 배우의 '퍼' 소리로 공기를 세게 내뱉으며 발음해야 한다. 그리고 두 번째 -ppy는 힘을 뺀 상태에서 윗입술과 아랫입술을 살짝 떼며 입술이 떨어지는 순간 파열음을 내듯 발음하면 된다.

영어 강세에서 숱한 반복이 필요한 부분은 강세가 있는 음절을 세게 읽는 연습이 아니라 힘을 빼는 연습이다. 두 음절 이상의 단어에서 강세가 있는 음절을 강하고 세게 발음하는 건 몇 번의 연습으로도 가능하지만 강세가 없는 음절에서 힘을 빼고 자연스러우면서도 정확하게 발음하는 건 생각처럼 쉽지 않다. 이 내용을 잘 새기면서 [p] 챕터의 처음으로 돌아가 모든 단어들의 강세에 주의하여 다시 연습해보자. 그런 다음 마지막으로 아래 문장에 포함되어 있는 단어들을 정확히 읽으면서 [p] 챕터를 마무리하자.

① 요즘은 어디를 가나 pet 용품 가게를 어렵지 않게 발견할 수 있다.
② 그는 부족한 게 없는 거 같은데, 보면 늘 self-pity에 빠져 있는 것 같아.
③ 맥주 한 캔과 넷플릭스만 있다면 정말이지 난 happy해.
④ 미국에서 한국 dumpling이 큰 인기를 끌고 있다.
⑤ 우리 아들이 제일 좋아하는 동화는 Peter Pan이야.

❷ [b]

[p]에 이어 이번에는 [b]를 살펴보자. 예상하겠지만 [b]와 [p]의 발음은 매우 비슷하다. [p]와 마찬가지로 윗입술과 아랫입술을 강하게 붙인 뒤 입 안에 머금고 있던 공기를 터트리듯 뱉으면 'ㅂ' 소리가 난다. 다만 [b]가 [p]와 다른 점은 [b]는 성대가 울리는 유성음이라는 점이고 [p]는 무성음이라는 데 있다. 무성음과 유성음에 대해서는 앞의 [f]와 [v]에서 설명했지만 확실한 학습을 위해 다시 한 번 설명한다.

나는 [b] 발음을 연습하기 전에 엄마들에게 윗입술과 아랫입술을 맞대고 입을 다문 상태로 '으'(나만 들을 수 있는 작은 소리로)을 넣어 발음을 시작하면 된다고 말하는데, 이렇게 하면 어렵지 않게 [b] 발음을 할 수 있다. 그리고 이렇게 '으' 소리를 내면 성대가 울리는 것도 느낄 수 있다. 앞에서 유성음 [v]를 발음하기 전에 입 안에서 [으] 소리를 내면 된다고 했다. [v]는 윗니로 아랫입술을 무는 소리이기 때문에 [으] 소리를 내면 되고, [b]는 [으]라고 발음하거나 [으]에 [b : ㅂ] 소리까지 합쳐서 [읍] 소리를 내는 것이 편하다. 여기서 [b]는 발음하는 동안 성대가 울리는 유성음이고, [p]는 성대가 울리지 않고 목울대가 한 번 올라갔다 내려가기만 하는 무성음이다.

다시 한 번 정리하면 [b]는 [p]를 발음하는 원리와 같지만 최불암 배우의 '퍼' 입모양 대신 똑같은 느낌으로 '버'를 발음하면 된다. 다만 [b]는 유성음이므로 [(으)버]라고 발음하면 정확한 소리를 낼 수 있다. 그럼 다음에 나오는 단어들을 읽으면서 [b] 발음을 연습해보자.

big	book	bonus	booster	buddy
큰	책	보너스	촉진제	친구

첫 b 발음에 신경 쓰면서 읽어보았다면 이번에는 원어민의 발음으로 들어보자. 들은 다음에는 원어민과 강세와 발음이 거의 같아질 때까지 반복해서 연습해야 한다. 첫 음절의 'b'를 소리내기 전에 [으] 소리를 내는 게 처음에는 어색할 수 있다. 그러나 자기 입 안에서 내는 연습을 해야 하고, 그 소리를 입 안에서 내야만 [b] 소리가 정확해진다.(QR) p와 같은 원리로 b 역시 강세가 없는 음절이나 b가 단어의 마지막 소리일 때는 입술에 힘이 들어가지 않고 가볍게 윗입술과 아랫입술을 붙였다 떼며 똑같이 '(으)브' 발음을 하면 된다. 앞에서 배운 내용을 기억하며 다음에 나오는 단어들을 반복해서 읽어본 뒤 원어민의 발음으로 확인해보자.(QR)

nobody	table	baby	hobby
아무도 ~않다	테이블	아기	취미
snob	bib	lab	tube
속물	턱받이	실험실	튜브

이제 [b] 발음을 마무리하며 다음 문장에 들어 있는 단어들을 정확히 발음해보자.

① 크리스천인 그녀는 매일 아침 bible을 읽는다.

② blueberry가 눈 건강에 좋대.

③ 너 헬스장에서 dumbbell 몇 킬로그램짜리 들어?

④ 고기 먹으러 갈까? 좋아, 오늘은 무조건 beef지.

⑤ '가는 말이 고와야 오는 말도 곱다'는 한국의 유명한 proverb이다.

03

제 혀는 아무리 해도
동그랗게 말리지 않는데요?

[r]과 [l]

❶ [r]

"선생님, 저는 아무리 연습해도 혀가 동그랗게 말리지 않아요. 그럼 r 발음은
못하는 건가요? 원어민은 혀가 참 긴가 봐요?"

[r] 발음을 연습할 때마다 듣는 말이다. 한때 일부 극성 엄마들이 아기의 영
어 발음을 좋게 하기 위해 어렸을 때 설소대 수술을 시킨다는 얘기가 기사화되
어 논란이 된 적이 있다. 알고 보면 그 수술도 r과 l 발음이 원인이다. 하지만 결
론부터 말하면 수술을 시킬 필요가 없다. 설소대 길이가 정상인 경우 수술을 한
다고 해서 발음이 유창해지는 결과를 얻기는 힘들기 때문이다. 또 혀의 길이가
길든 짧든 사람의 혀는 입 속에서 동그랗게 말리지 않는다. 그러니 지금까지 [r]

발음을 하기 위해서는 혀를 동그랗게 말아야 한다고 알고 있었다면 그 정보를 머릿속에서 싹 지워라. 이제 새로운 마음으로 [r] 발음을 연습할 것이다. 다음에 나오는 순서대로 따라해보자.

① 먼저 '우' 소리를 낼 때처럼 입술을 앞으로 내민다(너무 많이 내밀 필요는 없다).

② 입술을 내민 채로 혀 안쪽(목구멍에 가까운 부분)을 목구멍 쪽으로 잡아당기는 느낌으로 혀를 국자 모양으로 만든다. 혀의 가운데 부분에 물을 받는다는 느낌으로 가운데를 오목하게 만들면 된다.

③ 그런 다음 혀끝을 입천장 쪽으로 살짝 띄운다(혀를 위쪽으로 45도 정도 뻗는다). 그럼 혀끝이 윗니 뒤쪽에 닿을 것이다. 이때 혀끝을 살짝 안쪽으로 오므린다. 혀끝은 입천장

에 닿지 않아야 한다. 혀끝뿐만 아니라 혀 양쪽의 옆부분도 입 속의 어느 부분과도 닿아서는 안 된다. 이제 국자 모양의 혀가 움츠르든 상태가 되었을 것이다.

④ 혀 안쪽은 국자 모양이고, 혀를 공중에 띄웠을 때 입 속 어디에도 닿지 않는 상태에서 [뤄] 소리를 내보라.

이것이 [r] 발음이다. 쉽지 않을 것이다. 그리고 [r] 발음을 연습하는 동안은 혀가 슬쩍 입천장에 닿을 것이다. 이는 매우 자연스러운 과정으로, 작은 노력

으로는 절대로 완전한 [r] 발음을 낼 수 없다. 닿으면 떼어야 하며, 이때 혀의 위치를 기억해 두었다가 다음번에는 혀를 조금 더 조정하는 과정을 통해 앞에서 설명한 과정이 자연스럽게 될 때까지 연습해야 한다. 정확한 발음을 확인하기 위해 원어민의 발음을 먼저 들어보자.(QR)

red	**run**	**rose**	**report**
빨간	달리다	장미	리포트

원어민의 목소리를 여러 번 반복해서 들어본 다음 발음을 따라해보자. 강조한 대로 혀의 모양을 정확히 잡고 나서 발음해야 한다. 혀가 닿으면 처음으로 돌아가 다시 시작한다.

약간 팁을 주자면 [r] 발음을 우리말의 [ㄹ] 소리와 매칭하면 절대로 정확한 발음을 할 수 없다. 그보다 [뤄]에 더 가깝다. 그래서 'red'를 원어민의 발음으로 들어보면 [레드]가 아니라 [뤤], 즉 [뤄+드]가 되는데, [레]보다는 [뤄]로 들린다는 걸 알 수 있다. d 역시 다른 음절로 떼어 따로 발음하는 것이 아니라 앞의 're-' 받침처럼 발음해야 자연스럽다. 'run'도 [런]이 아니라 [뤈]에 가깝다. 발음을 한글로 쓰더라도 [r]에 해당하는 첫소리는 정확한 혀 위치를 장착하고 발음해야 한다.

여기서 잠깐, 앞에서 모음과 자음에 대해 설명하면서 r이 반모음의 성질을 갖는 자음이라고 했던 말을 기억하는가? r은 그 자체로도 어렵고 중요한 발음이지만, 반모음의 성질을 갖고 있어서 모음(a, e, i ,o, u)과 결합할 때 더욱 다양한 모음의 성질을 만들어낸다. 이에 대한 더 자세한 설명은 모음 파트에서 하기로 하고 여기서는 일단 기본적인 [r] 발음을 정확히 연습해보자.

rain 비	rent 집세	room 방	routine 일상적인
story 이야기	very 매우	spring 봄	Korea 한국
more 더	score 점수	floor 바닥	master 장인

이제 원어민의 발음을 듣고 반복해서 연습해보자. 발음뿐 아니라 단어별로 어느 음절을 강하게 읽는지, 길게 읽는지도 체크해야 한다.(QR)

혀가 아픈가? 그렇다면 잘하고 있는 것이다. '나는 아무렇지 않은데?'라는 생각이 든다면 앞으로 돌아가 다시 연습해야 한다. 한글에는 [r]과 똑같은 발음이 없기 때문에 [r] 연습을 할 때는 지금껏 사용하지 않던 혀와 입의 근육들을 사용하게 된다. 혀가 욱신거리는 느낌이 있어야 제대로 연습 중인 것이다.

복습하는 의미로 앞부분으로 돌아가 읽어보았던 단어들을 다시 정확하게 읽어보자. 대충 발음하려 하지 말고 배운 내용을 머릿속으로 정리하고 정성을 다해 천천히 발음해보자. 그런 다음 다음 문장들을 소리 내어 읽어보고, 그 사이에 포함된 단어들을 정확히 발음해보자.

① 나는 운전할 때면 꼭 radio를 듣는다.

② 새벽 5시부터 rooster가 울어대는 통에 잠을 설쳤어.

③ 그녀는 내 report를 읽고 솔직한 코멘트를 해주었다.

④ 왜 수업 시간에 공부는 안 하고 mirror만 들여다보고 있니?

⑤ 봄이라서 그런지 목에 scarf를 두른 사람이 많네요.

❷ [l]

[r] 못지않게 연습이 많이 필요한 발음이 바로 [l]이다. [r]은 혀를 말아 발음해야 하는 건 알지만 [l]은 한글 'ㄹ'의 발음과 동일하다고 믿고 있는 사람이 많은데, 사실은 그렇지 않다. 그런 만큼 대대적인 수정이 필요한 발음이다.

[l] 발음은 크게 두 가지로 나뉘는데, 가벼운 소리가 나는 light[l]과 무거운 소리가 나는 dark[l]이다. 이렇게 두 가지로 나뉘는 건 'l'이 단어에서 어느 위치에 있느냐에 따라 발음이 달라지기 때문이다. 일단 'l'로 단어의 첫음절이 시작되거나 중간에 'l'이 들어갈 때는 light[l] 소리가 난다. 'light'는 '가벼운'이라는 의미를 가졌으니 말 그대로 '소리가 가벼운 l'이라는 뜻이다.

이제 설명을 읽으면서 단어 'like'를 가지고 light 'l' 발음을 배워보겠다. 특히 혀의 위치를 신경 쓰면서 단계별로 따라해보자.

① 혀끝을 입 속 윗니 윗부분, 그리고 거기서 아주 조금만 위로 올라가면 살짝 튀어나온 울퉁불퉁한 부분이 있는데 그 중간에 살짝 댄다.

② 혀를 ①번 위치에 붙인 상태에서 발음을 시작해야 'l'이다. ①번 위치에 붙어 있는 혀끝을 가볍게 떼면서 like[laik]라고 발음해보자.(*지금까지 발음하던 대로 그냥 '라이크'라고 발음하면 첫 음절에서 혀가 입천장에 닿았다가 바로 떨어지면서 소리가 나온다. 사실 첫 '라-'를 우리말의 '라'처럼 발음하면 대충 듣기에도 같은 발음이 아니다.)

Light L

③ 나시 반복한다. 'like'의 첫 음절은 'l'로 시작하는 만큼 발음하기 전부터 혀끝이 울퉁불퉁한 부분에 닿아 있는 상태에서 시작되어야 한다. 혀끝을 떼면서 가볍게 'like[laik]'라고 발음한다.

[l] 발음을 연습할 때 내가 엄마들에게 알려주는 요령 역시, 'l' 발음 직전에 나만 들을 수 있는 작은 소리로 '(으)'를 넣으라는 것이다. 앞서 [v]와 [b]를 발음하는 방법을 설명할 때도 같은 요령을 제시했는데, 그 이유는 모두 유성음이기 때문이다.

'like'를 예로 들면 'like[laik]' 발음을 시작할 때 [(으)laik]라고 발음하면 된다. 좀 더 정확히 설명하면 (으) 소리를 내는 동안 혀를 윗니 뒤쪽 울퉁불퉁한 부분에 빨리 갖다놓으면 된다. 그냥 한글 '으'처럼 아랫입술을 밑으로 끌어내리며 딱딱하게 발음하는 것이 아니라 (으) 소리를 내며 혀를 'l' 발음의 위치, 즉 윗니 위의 울퉁불퉁한 부분에 대고 있을 수 있도록 시간을 확보한다. 이렇게 [l] 발음을 하기 직전에 '(으)' 소리를 내면 혀가 좀 더 정확한 위치에서 발음이 시작되기 때문에 전체적인 단어의 발음도 더 확실하게 할 수 있다.

그리고 한 가지 더! 우리는 지금 'light l'을 배우고 있다. 처음에 이 소리를 'light l'이라고 부르는 이유에 대해 발음하는 소리가 듣기 가벼워서라고 했다. 즉 단어의 첫 철자가 'l'이거나 중간에 'l'이 들어간 경우에는 혀를 ①번 위치에 대고 발음해야 하는데, 이때 절대로 혀나 입술에 힘을 꽉 줘서는 안 된다. 혀의 위치는 정확히 하되 힘을 빼고 발음해야 원래 내려고 했던 '가벼운 l(light l)'이 된다.

이번에는 단어 중간에 'l'이 들어가는 'glass'를 발음해보자. 'glass'는 스펠링 'l'이 첫 음절이긴 하지만 자음의 두 번째 스펠링(gl-)이므로 'gl-'에서 혀끝이 윗니 위쪽 울퉁불퉁한 부분에 닿으면 된다. 좀 더 쉽게 설명하면 한국 사람들은 일반적으로 이것을 [글-]이라고 발음한다. 그러나 이는 정확하지 않은 발음이다. 정확한 영어 발음은 [gl-][그으L]이다. 그 뒷부분까지 발음해보면 [glæs]이고 강세는 [æ][애에]에 두면 된다. 이제 단어들을 연습해보자. 단어에 포함되어 있는 'l' 발음은 배운 대로 천천히 연습해야 한다.

like 좋아하다		glass 유리	
leg 다리	lion 사자	love 사랑하다	light 가벼운
class 학급	silver 은	slim 날씬한	black 검은

이번에는 원어민의 발음을 듣고 반복해서 따라해보자.(QR)

지금까지 '소리가 가벼운 l(light l)' 발음을 연습했다. 이제부터는 '어두운 l(dark l)' 발음을 설명하려고 한다. 'dark l'은 '어두운 l'이라는 용어가 말해주듯 소리 자체가 무거운 느낌이 난다. 'light l'처럼 가볍고 힘이 빠져 있는 소리가 아닌 묵직한 소리로, 영어 발음에서 'dark l'은 혀의 안쪽 뿌리, 즉 입 안쪽에서 발음되는 걸 말한다.

'Light l'이 가벼운 소리가 나는 이유는 혀끝만 윗니 약간 위쪽에 가볍게 붙었다가 떨어지기 때문이다. 그에 반해 'dark l'은 혀의 끝뿐만 아니라 혀의 뿌리

(정확히 말하면 목구멍 안쪽의 혀의 뿌리)까지 발음에 관여하기 때문에 소리가 무거워진다. 혀끝의 움직임은 동일하고 혀의 뿌리 쪽을 이용해 마치 목구멍을 닫듯이 속으로 쑤욱 밀어넣는 느낌으로 눌러주며 발음해야 한다.

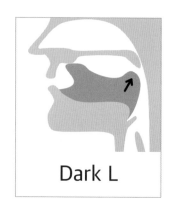

Dark L

사실 'dark l'을 발음하는 방법은 한 가지가 더 있다. 혀끝을 위에 붙이지 않고 혀의 안쪽을 마치 목구멍을 닫듯 꾹 누르면서 발음하고 혀끝은 그냥 아래로 편하게 내리는 것이다. 혀끝을 위에 붙일 필요가 없기 때문에 더 쉽지만 실제로 내가 수업을 진행해본 결과 해방 영어반 엄마들은 'light l'을 연습하면서 익힌 혀의 위치를 'dark l'에서도 동일하게 적용하는 걸 더 쉽게 받아들였다. 그러니 지금은 두 소리 모두 똑같이 혀끝을 위에 붙이며 연습하자.

'dark l'을 익히기 위해 '손톱, 못'의 의미를 가지고 있는 단어 'nail'을 보자. 먼저 위의 'dark l'에서 배운 혀뿌리와 혀끝 위치를 기억하면서 단어를 읽어보자.

nail
['neɪl]

이 단어를 발음할 때는 그동안 해온 '네일' 발음은 머릿속에서 지워야 한다. 그러면서 'l' 발음에 집중하자.

발음 기호상으로는 간단해 보이지만 자세히 들어보면 [네일]이 아닌 [네이이L]라고 발음한다. 이때 마지막의 'l'이 'dark l' 발음으로 무겁게 닫히는 소리가 들려야 한다. 반복하건대 'dark l'은 혀의 안쪽 뿌리를 목구멍 쪽으로 꾹 누르듯

이 닫고 혀끝을 'light l'에서 연습했던 위치, 즉 윗니 약간 위 울퉁불퉁
한 부분에 붙여 발음해야 정확하다. 이제 'dark l'이 포함된 단어들을 읽
어보자.

nail	snail	bowl	beautiful
손톱	달팽이	그릇	아름다운
file	girl	world	awful
파일	소녀	세계	끔찍한

　예로 든 단어들이 대부분 어렵고 까다롭게 느껴질 것이다. 실제로도 쉽게 발
음되는 단어들이 아니다. 그러므로 'dark l'을 발음할 때는 혀의 위치에 신경 쓰
면서 반복해서 듣고 또 들으면서 연습해야 한다. 원어민의 발음으로 정확하게
듣고 반복해서 따라해보자. 그런 다음 아래 문장에 포함된 단어들을 정확하게 읽
으면서 'l' 발음을 마무리하자.

① 안방 욕실 tile이 떨어질 것 같아요.

② 나는 아이와 일주일에 세 번 library에 간다.

③ '가을'의 영단어는 두 개가 있는데, 그중 하나가 fall이다.

④ 그녀는 유명한 leader 중 한 명이다.

⑤ 영어를 세 달 만에 정복할 수 있다는 소리가 real?

04

저는 a는
무조건 '아'로만 읽는데요?

· 첫 번째 모음 a ·

May의 아름다운 날씨를 즐기고 있는 지금, 나는 정말이지 기분이 좋다. 왜냐하면 드디어 part타임 일을 구했기 때문이다. 오랫동안 집에 있으면서 운동을 게을리하고 밤마다 습관적으로 야식을 먹다 보니 fat하게 되었고, 무엇보다 무릎과 허리에 pain을 느끼기 시작했다. 나는 shame을 느끼고 '이러면 안 되겠다' 싶어 아침 일찍 wake up하고 far하지 않은 곳은 걸어다니기로 결심했다. 그러다 우연히 근처 카페에서 staff를 구한다는 광고를 보고 지원했는데 운 좋게 합격했다. 나에게 주는 선물로 신발 한 pair를 사고 오랜만에 sauna에도 가야지! 그리고 오늘 저녁은 가족을 위해 raw fish를 포장해야겠다. 그나저나 버스를 타야 하는데 요즘 버스 fare가 얼마더라?

기쁨이 느껴지는 글이다. 이 단락을 가지고 5개의 모음 중 첫 번째인 a를 공부할 것이다. 위의 단어들에는 모두 a가 들어 있는데, 나는 소리는 조금씩 다르다. 그 이유를 규칙과 연결 지어 하나씩 익혀볼 것이다. 먼저 '단모음 a' 이다.

단모음 a

'단모음'의 의미를 이해하면 소리를 기억하기가 더 쉽다. 단어 안에 총 모음의 수가 한 개일 때는 그 모음이 특정한 소리로 발음된다. 예를 들어 'cat' 안에는 모음 a, e, i, o, u 중에 '-a-' 하나가 들어 있으며 앞뒤에 있는 c와 t는 자음이다. 그래서 'cat'의 a는 '단모음 a'가 된다. 다음 단어들을 보며 단모음 a의 발음을 유추해보자.

can	ham	dad	bag
캔	햄	아빠	가방

이 단어들처럼 단어 안에 모음이 a 하나만 존재하면 '단모음 a'가 되고, [æ]의 발음이 난다. 이 발음은 단순히 [애]가 아니라 [애에]로 들리도록 발음한다. 중요한 포인트는 [애-]가 길게 발음된다는 점이다.

단모음 a [æ] ; [애에]

이제 아래 단어늘의 발음을 듣기 전에 먼저 읽으면서 연습해보자.

dam	map	sad	mask
댐	지도	슬픈	마스크
lap	add	gas	last
무릎	더하다	기체	마지막의

알고 있는 단어라는 이유로 그동안 읽던 대로 읽어서는 안 된다. 먼저 단어 속 'a'가 단모음인 것을 확인하고 발음할 때 모든 단어의 'a' 소리를 동일하게 발음해야 한다. 그런 다음 원어민의 발음으로 듣고 따라해보자. 강세 까지 신경 써서 여러 번 따라 읽어보는 것이 좋다.(QR)

이 단어들은 모두 '단모음 a'를 포함한 단어들로, 강세는 당연히 단모음인 a에 있다. 강세는 오직 모음에만 둘 수 있는데, 이 단어들은 모두 모음이 하나밖에 없기 때문에 a에 강세가 온다. 이렇게 모음 a에 강세를 두고 다음에 나오는 단어들을 더 연습해보자.

glass	ran	had	nap
유리	달렸다	가졌다	낮잠
scan	tap	fan	pat
살피다	톡톡 두드리다	선풍기	쓰다듬다

그런 다음 원어민의 발음을 듣고 반복해서 따라해보자. 앞에서 배운 발음 방법을 상기하면서 단모음 a의 규칙까지 적용하며 읽어야 한다.(QR)

여기서 팁 하나! 모르는 단어가 나왔을 때는 바로 읽으려 하지 말고 단어 안에 있는 모음을 먼저 스캔하라. 단어 전체에 모음이 a 하나라면 크게 고민하지 않고 [æ]로 읽으면 된다. 단모음 a가 아닌 경우에도 재빨리 단어 속 모음 혹은 모음 덩어리를 파악한 뒤 음절별로 읽으면 더 정확하게 읽을 수 있다.

이중모음 -ar-

이번에는 '이중모음 -ar-'이다. 단어에 포함된 모음에 신경 써서 다음 두 단어를 읽어보자.

mat   mart

먼저 mat에는 모음이 a뿐이고 앞뒤의 m과 t는 자음이므로 여기의 a는 방금 배운 단모음의 규칙대로 [æ]로 읽으면 된다. 그래서 [mæt]가 된다. 하지만 [매트]라고 2음절로 발음하는 것은 콩글리시에 가까우므로 [매엩]가 맞다.

이제 mart를 보자. 역시나 모음은 a 하나뿐이다. 그러니 mat처럼 단모음 a 규칙대로 읽으면 될까? 아니다. 그리고 당신은 이 단어를 어떻게 읽는지 알고 있다. 그렇다. [maːrt]라고 읽을 것이다.

두 단어 모두 모음은 'a' 하나뿐인데 왜 다른 소리가 날까? a 뒤에 나오는 r 때문이다. 그러니까 mart에서 모음을 찾을 때는 a만 보는 것이 아니라 -ar-을 하나의 모음 덩어리로 봐야 한다.

앞에서 'r'은 자음이지만 반모음의 성질도 갖는다고 했던 말을 기억하는가? 바로 이 경우가 'r'이 반모음의 성질을 갖는 상황이다. 즉 '모음(a, e, i, o, u)+r'일 때 r이 모음과 결합하면서 앞의 모음 소리를 단모음과는 다른 발음이 나게 만든다. 다시 말해 mart는 a+r을 하나의 모음으로 생각하고 '-ar-'을 함께 익혀야 한다.

이제 '-ar-'이 포함된 단어들을 읽어보자. 그런 다음 원어민의 발음을 듣고 반복해서 따라해보자.(QR)

are	arm	dart	farm	mark
~이 있다	팔	화살	농장	표시하다
start	**parking**	**large**	**car**	**jar**
시작하다	주차	큰	자동차	병

-ar-을 반드시 한 덩어리의 모음으로 뭉쳐서 보고 앞뒤에 있는 자음들의 소리까지 생각하며 발음해야 한다. 마지막으로 몇 개의 단어를 더 읽어본 뒤 -ar- 연습은 마무리한다. 단어가 조금 어렵게 느껴질 수 있는데, 틀려도 먼저 읽어본 뒤에 원어민의 발음과 비교해보고 반복해서 따라해봐야 한다.(QR)

argue	scarf	seminar
논쟁하다	스카프	세미나

장모음 a_e

'name'

이 단어를 모르는 사람은 거의 없을 것이다. 이름이라는 뜻을 가진 단어 '네임'이다. 먼저 발음을 해보면서 여기서 'a'가 어떤 소리를 내는지 생각해보자.

여기서 잠깐! 영어 단어의 마지막 스펠링이 e로 끝나면 그 e는 무조건 묵음이다. 즉 소리가 나지 않는다. 이건 파닉스에서 항상 적용되는 규칙으로, 이 단어의 마지막 소리는 m이 된다. 이렇게 설명하면 많은 분들이 되묻는다.

"아니 발음이 없는 철자를 도대체 왜 쓰는 거에요? 영어에 e로 끝나는 단어들 많잖아요?"

그 이유는 영어는 모음의 수가 처음에 설명한 대로 5개뿐인데, 그 5개로 훨씬 더 많은 모음 소리를 만들어내기 위해서는 여러 장치들이 필요하기 때문이다. 반모음으로 불리는 자음이나 name의 마지막 스펠링인 e도 이 경우에 해당한다. 예를 들어 남자 이름 중 하나인 Tim은 [tím: 티임]이라고 발음하지만 Time은 [taɪm: 타임]이라고 읽는다.

여기서 Tim은 단어에 모음이 I 하나뿐이기 때문에 단모음 [i: 이] 발음이 난다. 그러나 Time의 마지막 e를 묵음이라는 이유로 빼버리면 Tim과 같은 소리가 날 수밖에 없다. Time의 마지막 e는 비록 묵음이지만 앞에 있는 모음 'i'가 더 길고 다른 소리를 가질 수 있도록 하는 역할을 한다. 이때 i_e에서 i는 [i]가 아닌 [ai] 발음이 나고, 그래서 우리는 Time을 [tím]이 아닌 [taɪm]이라고 읽는다.

다시 name으로 돌아와서 모음 'a'가 갖는 소리를 생각해보자. 설명한 대로 마지막에 있는 묵음 e가 두 칸 앞에 있는 모음 'a'에 영향을 끼쳐 a의 소리를 길

게 만든다. 소리가 길어진 이 a를 '장모음'이라 부른다. 그렇다면 이 '장모음 a'
는 무슨 소리가 나는가? 맞다. name에서 장모음 a는 [eɪ : 에이] 발음이 난다. 같
은 규칙이 적용되는 단어들을 더 읽어보자.

ace	gate	lake	sale
에이스	문	호수	판매
race	skate	wake	tale
경주	스케이트를 타다	잠이 깨다	이야기

대체로 쉬운 단어들이다. 하지만 쉽다고 해서 그냥 읽지 말고 밑줄 친 a_e를
한 덩어리로 묶어서 발음하는 습관을 들여야 한다. 그래야 나중에 긴 단어를 읽
을 때 이 규칙을 쉽게 적용할 수 있다. 반복해서 연습했다면 이번에는
원어민의 발음을 듣고 반복해서 따라해보자.(QR)

일상 회화에 많이 쓰이는 'frustrated'라는 단어가 있다. '좌절한', '속상한'이
라는 의미를 가진 단어인데, 해방 영어반 엄마들을 이 단어를 처음 보면 순간적으
로 당황한다. 여기서 기억할 것이 있다. 모르는 단어를 보았을 때는 무턱대고 읽으
려 하지 말고 단어 속 '모음'을 스캔하라고 했던 말 말이다. 이 단어는 10개의 철
자로 이루어져 있지만 모음은 'u', 'a' 'e' 3개뿐이다. 게다가 이 중에 지금 우리
가 연습하고 있는 규칙이 이 'frustrated'에 포함되어 있다. 물론 e가 마지막 철
자가 아니라서 묵음은 아니지만 e의 두 칸 앞에 있는 a의 소리는 같다. name과
같이 모음 a는 [eɪ] 발음이다. 그래서 이 단어의 발음은 ['frʌstreɪtɪd]가 된다.

여기서 잊지 말아야 할 것은, 우리는 지금 name처럼 쉬운 단어를 읽기 위해
공부하고 있는 게 아니라는 사실이다. 그보다 더 어렵고 복잡해 보이는 단어들

을 정확히 읽기 위해 파닉스 규칙과 발음을 배우고 있다. 이 점을 기억
하면서 다음의 단어들을 더 읽어보자.(QR)

face	plane	late	rated
얼굴	비행기	늦은	~등급의

이중모음 -ay-, -ai-

먼저 X-ray와 rain에서 '-ay'와 '-ai-'이 각각 어떤 소리가 나는지 비교하며
단어를 읽어보자.

ray	rain
[reɪ : 레이]	[reɪn : 레인]

'ay'와 'ai' 모두 [eɪ : 에이] 발음으로 동일한 소리가 난다. 모음 a+i, a+y(반모
음)가 이중으로 붙어 있다고 해서 이를 '이중모음'이라고 부르는데, 영어에는
이런 이중모음이 많다. 'ay'와 'ai'도 그중 하나로, 이중모음 자체를 모음 덩어리
로 그 소리를 잘 기억해야 한다. 먼저 'ai'가 들어간 단어들을 읽어보고
원어민의 음성을 따라해보자.(QR)

sail	main	gain	daily
항해하다	주된	얻다	매일의
tail	pain	plain	waist
꼬리	고통	있는 그대로의	허리

여기서는 'ai'의 규칙을 잘 적용하는 것도 중요하지만 앞에서 배운 발음 규칙을 적용하여 자음의 발음과 단어의 강세를 신경 써서 따라하는 것도 중요하다. 그런 다음 이번에는 'ay'가 들어간 단어들을 읽어보자.(QR)

say	pay	clay	May
말하다	지불하다	진흙	5월
day	gray	way	spray
날	회색	방법	뿌리다

이렇게 이중모음이 들어 있는 단어에서는 a, i, y를 분리해서 소리를 생각하는 것이 아니라 'ai', 'ay'를 하나의 소리로 생각하고 익혀야 한다. 단어들을 몇 개 더 읽으면서 연습해보자.(QR)

snail	pray	play	mail	decay
달팽이	기도하다	놀다	우편	부패

'No pain, no gain'이라는 유명한 속담이 있다. 여기서 pain[peɪn : 페인]은 '고통', '아픔'이라는 뜻이고, gain[geɪn : 게인]은 '얻다'라는 의미다. 짧고 간단한 데다 라임rhyme까지 맞아 마치 랩 가사처럼 들리지만 '고통 없이는 아무것도 얻을 수 없다'는 깊은 뜻을 가지고 있다. 벙커에서 빠져나오기 위해 애쓰고 있는, 해방 영어를 꿈꾸는 지금 우리에게 딱 어울리는 속담이다. 오늘의 고통이 내일의 기쁨이 되는 순간을 위해 좀 더 달려보자. 달콤한 결과는 결코 쉽게 얻을 수 없다.

이중모음 -au-, -aw-

이번에는 a로 시작하는 이중모음 중 '-au-'와 '-aw-'의 소리를 살펴볼 것이다. 그 전에 '-au-'가 들어가는 단어 because를 보자. 발음에 자신이 없을 수 있지만 이 단어를 처음 보는 사람은 없을 것이다. '– 때문에', '– 이니까'의 뜻을 가지고 있는 단어다. 여기서 because의 '-au-'가 어떤 소리가 나는지 생각해보자.

수업 중 이 단어를 읽어보라고 하면 대부분 '-au-'를 [오]로 발음하여 [비코즈]라고 읽는다. 하지만 이 단어의 정확한 발음은 [오]가 아니다. 'because'는 [bɪ｜kɔːz] [비커어즈]로 발음된다. 즉 [비코즈]가 아니라 [비커어즈]가 맞는 발음이다.

규칙을 정리해보면, 이중자음 '-au-'가 들어가는 단어에서 [ɔːː 어어 혹은 어:] 발음을 할 때는 입을 타원으로 만든다는 생각으로 아래턱을 밑으로 툭 떨어트린다. 그런 다음 동굴 속에서 무거운 소리를 끌어내듯 목구멍 깊은 곳에서부터 [어어] 하고 발음해야 한다. 이 설명에 유념하며 다음 단어들을 읽어본 뒤 원어민의 발음을 듣고 따라해보자.(QR)

sauna	sauce	pause	because
사우나	소스	멈춤	왜냐하면

패션 사업에 뛰어든 연예인이 브랜드를 'launching' 한다는 기사를 종종 볼 것이다. 외래어 표기법에 따르면 launching은 '론칭'으로 발음된다. 하지만 이 단어는 [lɔːntʃiŋ : 러언칭]으로 발음해야 맞다.

수업 중 좋아하는 음식이나 간식에 관해 대화를 나누다 보면 영어로 '회'가 무엇이냐는 질문이 종종 나온다. 회는 영어로 'raw fish'이다. '날것의'라는 뜻 의 'raw'에 물고기를 뜻하는 'fish'가 합쳐진 단어로 'raw fish'를 직역하면 '날 생선'이 된다. 그렇다면 여기서 'raw'는 어떻게 발음할까?

앞에서 '-au-'를 제대로 이해했다면 '-aw-'도 크게 어렵지 않게 익힐 수 있 을 것이다. 왜냐하면 두 개의 이중모음 'au'와 'aw'는 소리가 같기 때문이다. 이 중모음 'aw'도 'au'와 동일하게 [ɔː ; 어어 또는 어:]로 발음한다.

그럼 raw를 다시 읽어보자. r로 시작하므로 혀 가운데를 국자처럼 만들어 거 기에 물을 받는다는 생각으로 구부린 다음 혀끝을 입천장에 닿지 않게 공중에 띄운 뒤 'aw'의 [ɔː ; 어어] 발음을 하면 된다. [ɔː] 발음은 아래 턱을 툭 떨어 뜨리듯 입을 벌리고 입을 타원 형태로 만들어 [어어]라고 길게 발음하는 소리 라고 배웠다. [어어] 소리를 내는 동안 타원 형태의 입 모양이 오므라들거나 닫 히면 안 된다. 이제 그 상태로 'raw'를 소리 내어 반복해보자. 그런 다 음 아래 단어들을 들으면서 반복해서 따라해보자.(QR)

raw	law	saw	draw	claw
날것의	법	보았다	그리다	발톱

straw	hawk	strawberry	paw
빨대	매	딸기	(동물의 발톱이 달린) 발

이중모음 -air, -are

이번에는 '-air'과 '-are'이다. 같은 이중모음이지만 스펠링이 하나 더 붙어서인지 어려운 느낌이 들 것이다. 하지만 실제로는 그렇지 않다. 규칙대로 정해진 소리로만 읽으면 되기 때문이다.

우리는 air를 이중모음 이전에 하나의 단어로 알고 있다. '공기'의 뜻을 가진 'air'의 발음은 [er ; 에어얼], [eə(r) ; 에어어(r)]이다. 이중모음 'air'가 단어 안에 들어 있으면 항상 그렇게 읽으면 된다. 아직 모음 'e'를 자세히 배우지 않았지만 [e] [에] 소리는 입꼬리를 옆으로 당기면서 자연스럽게 [에]라고 발음한다. [e]에 이어 바로 [-r] 소리가 오기 때문에 [e]를 확실하게 발음한 뒤 앞에서 연습한 [r] 소리를 내면 된다. 어려운 [r] 발음을 정확하게 하려는 욕심에 혀를 [r] 발음하듯 먼저 만들지 않아야 하며, [e] 발음을 확실하게 한 뒤에 [r] 발음을 하는 것이 중요하다. 그럼 다음에 나오는 단어들을 먼저 읽어보자.

air	hair	fair	chair
공기	머리	공정한	의자
pair	**stair**	**repair**	**fairy**
짝	계단	고치다	요정

그런 다음 원어민의 발음으로 들어보고 따라해보자. 참고로, 곧 배우겠지만 'chair'에서 'ch'는 우리말 'ㅊ' 소리가 아니라 '취'처럼 마치 뽀뽀하듯 입술을 내밀어 발음한다. 원어민 발음을 잘 들어보면 [체어얼]이 아니라 [취어얼]이라고 발음하는 것을 확인할 수 있을 것이다.(QR)

그런데, 앞의 '-air'는 'air' 그 자체의 발음과 '(자음)+air'일 때 air의 발음이 같기 때문에 발음만 기억하면 되지만 '(자음)+are'의 경우는 조금 다르다.

You are pretty.

문법의 be 동사 중에 are는 다 알고 있을 것이다. 이 문장에서 are는 [ɑː(r), ə(r)] [아아(r), 어어(r)]라고 읽는다. 하지만 'are'가 앞에 있는 다른 자음과 결합할 경우 'are'는 be동사의 'are'와 다른 발음으로 읽어야 한다. 예를 들어 care라는 단어를 보자. 우리는 이 단어를 [ker ; 케어얼], [keə(r) ; 케어어(r)]라고 읽는다. '-are' 발음만 보면 [er], [eə(r)]가 된다. [er ; 에어얼], [eə(r) ; 에어어(r)] 발음이 나는 경우를 바로 앞에서 배웠는데, 맞다. '-air'과 '-are'의 발음은 같다. 스펠링은 비슷한 듯 다르지만 발음은 동일하다. '-are'가 들어간 단어를 몇 개 더 읽어보자.

fare	hare	pare	spare
요금	토끼	깍다	여분의

dare	rare	scare	stare
~할 엄두를 내다	살짝 익힌	겁주다	빤히 쳐다보다

'-are' 발음법을 떠올리면서 읽었는가? 그렇다면 이번에는 원어민의 발음을 듣고 반복해서 따라해보자.(QR)

지금까지 첫 번째 모음 'a'에 대한 기본적인 파닉스 규칙을 정리해보았다. 단모음 a부터 이중모음 -air, -are까지 배운 규칙을 떠올리며 아래의 문장에 포함된 단어들을 읽어보자. 혹시 규칙이 떠오르지 않으면 그 부분으로 다시 돌아가 반드시 확인하고 와야 한다.

① 홍수로 인해 dam이 버티지 못할까봐 걱정이에요.

② 어린 시절 나의 꿈은 fairy tale 작가였다.

③ 월드컵 본선에 오른 국가들은 매 경기 fair play를 하기로 다짐했습니다.

④ 저는 샐러드에 strawberry 같은 과일을 넣고 sauce를 듬뿍 뿌려 먹어요.

⑤ 해방 영어 시간에 '버스 요금'이 영어로 'bus fare'라고 배웠다.

05

부끄러워하지 말고
입술을 있는 힘껏 내밀어요

[ʃ]

경험에 의하면 혀를 내밀거나 입술이 튀어나오는 발음을 엄마들이 많이 어려워한다. 바깥으로 혀를 내보이거나 입술이 과장되어 두드러지게 보이는 모습을 민망하게 느끼는 듯하다. 그런데 생각해보자. 원어민이 말하는 모습을 보며 이상하다거나 과하다고 느낀 적이 있는가? 없을 것이다. 민망하다는 건 개인적인 생각일 뿐 실제로는 전혀 이상해 보이지 않으니 걱정은 접어두시라.

잠시 아이가 어렸던 시절로 돌아가보자. 소변이 마렵다는 아이에게 뭐라고 말했는가? "○○야, 쉬~하자"라고 했을 것이다. 이번 장에서는 이때의 입모양을 떠올리며 입술을 쭉 내밀어 소리 내야 하는 발음 세 가지를 설명한다.

"○○야, 쉬~하자"에서 '쉬'는 [ʃ] 발음과 굉장히 흡사하다. 흔히 하는 발음 실수 중에 'sharp'를 '샤프'라고 읽는 경우가 있다. 'sh'를 [ㅅ] 소리라고 오해하기 때문이다. 하지만 'sh'의 정확한 발음은 "쉬~하자"라고 할 때처럼 입술을 앞으로 쑥 내민 다음 'ar' [aːr ; 아아r]과 이어 소리 내는 것이다.

그 전에 잠깐, 본격적으로 [ʃ] 연습을 하기 전에 기억해야 할 작은 포인트가 하나 있다. 먼저 '쉬'라고 하듯 입술을 앞으로 힘껏 내민 상태에서 혀의 좌우 양끝을 위아래 어금니로 깨무는 것처럼 만들어보라. 입술을 내민 뒤 혀의 좌우 양끝을 어금니가 마치 스테이플러인 듯 꽉 집는 느낌으로 물면 된다. 제대로 했다면 지금 당신의 혀끝은 윗니 뒤쪽에 닿지 않고 살짝 떠 있을 것이다.

이제 [ʃ]를 발음하는 데 필요한 모든 준비가 끝났다. 이 상태에서 다시 'sharp'를 읽어보자. 반복해서 여러 번 읽어보면서 정확한 발음 방법을 찾아야 한다. 충분히 연습했다면 [ʃ] 발음이 나는 단어들을 몇 개 더 연습해보자.(QR)

she	show	cash	shirt
그녀는	보여주다	현금	셔츠
wash	**English**	**shopping**	**brush**
닦다	영어	쇼핑	빗다

좀 더 정확한 발음을 위해 다음 단어들을 더 연습해보자. 스펠링에 'sh'가 포함되어 있으면 당연히 [ʃ] 발음에 신경 써야 하고, 'sh'가 들어 있지 않더라도 [ʃ] 발음이 나는 경우가 있으므로 주의해야 한다.(QR)

chef 요리사	station 역	sure 확실한
ocean 바다	precious 귀중한	issue 주제

위 단어들에서 밑줄 친 부분은 모두 [ʃ] 발음이 난다. 단어별로 스펠링을 확인 하면서 발음을 정확하게 기억해야 한다. 입술 모양에 주의하면서 발음하면 세련된 [ʃ] 발음이 완성될 것이다.

[tʃ]

'brunch'.

당신은 이 단어를 어떻게 발음하는가? 아마도 '브런치'라고 읽을 것이다. 그렇다면 'I eat brunch'라는 문장을 읽을 때도 'I eat 브런치'라고 발음하는가? 그렇다면 이번 장은 당신을 위한 조언이다.

보통 스펠링에 'ch'가 들어 있는 경우 발음 기호는 [tʃ]로 표기하고 [취] 혹은 [추]라고 발음한다. 한국 사람들은 이 'ch' 부분의 발음을 한글 'ㅊ'과 같다고 생각하는데, 이 발음의 핵심은 앞의 [ʃ]와 마찬가지로 입술 모양에 있다.

[ʃ]를 발음할 때는 "우리 쉬~하자"라고 말할 때처럼 입술을 앞으로 쭉 내밀어야 한다고 설명했다. [tʃ] 발음도 마찬가지로 입술을 앞으로 쭉 내밀어 '취'나 '추'로 발음해야 정확하다.

그러므로 brunch는 [brʌntʃ ; 브런취]로 발음한다. [brʌn-]까지는 앞에서 배운 자음 b와 r의 발음을 정확하게 내고, 마지막 -ch에 해당하는 [-tʃ] 발음은 입술을 내밀어야 한다. 이 음절에는 강세가 없기 때문에 힘은 빼고 말이다. 같은 예로 우리는 chat을 '챗'이라고 발음하는데, 정확한 발음 기호는 [tʃæt]이다. 입술을 앞으로 있는 힘껏 내민 채 '추'로 발음하면서 그 뒤에 따라오는 '단모음 a' [æ]를 발음한다. 한글로 쓰면 [추앹]이 되겠다. 이때도 첫 음절에서 입술을 반드시 앞으로 쭉 내밀어 발음해야 한다. 이렇게 'ch'를 발음할 때 입술을 앞으로 쭉 내밀고 '추'라고 발음하면 속이 꽉 찬 chat이 된다. 반면 한글의 외래어 표기법대로 읽어버리면 속이 텅 빈 chat에 그치고 만다.

이제 다음에 나오는 단어들을 읽어보자. 여기서 'ch' 부분은 반드시 입술을 앞으로 쭉 내밀며 발음해야 한다. 입술을 내밀면 내밀수록 발음이 정확해진다.

China	chin	chest	church
중국	턱	가슴	(앞뒤에 'ch'가 들어 있다)
			교회

peach	rich	bench	lunch
복숭아	부유한	벤치	점심식사

원어민의 발음을 들으면서 'ch'가 얼마나 속이 꽉 찬 소리가 나는지 확인하고 그렇게 될 때까지 연습해보자.(QR)

이번에는 스펠링에 'ch'가 들어가진 않지만 마찬가지로 [ʧ] 발음이 되는 단어를 살펴보자.

culture	fortune	question	cello	ketchup
문화	행운	질문	첼로	케첩

처음 세 단어 'culture', 'fortune', 'question'에서 스펠링 't'에 해당하는 발음은 [ʧ] 이다. 이렇게 't'가 [ʧ]로 발음되는 경우는 많다. cello에서처럼 첫 음절 'c'가 [ʧ]로 나는 경우도 있고, ketchup처럼 중간에 'tch'가 들어가지만 't'가 소리 나지 않는 경우도 있다. 여기서 't'는 묵음이므로 생략하고 그 뒤의 'ch' 발음을 하면 된다. 그런 다음 원어민의 발음으로 들으며 반복해서 따라해보자.(QR)

[ʤ]

이 발음도 방금 연습한 [ʧ]와 소리 내는 방식이 매우 비슷하다. 그러나 해방 영어반에서 이 발음을 정확하게 발음하는 분은 지금까지 본 적이 없다. 어려워서가 아니라 어떻게 발음하는지 모르기 때문이다. 희망적이게도 이 발음은 입술을 앞으로 쭉 내미는 것만으로도 금방 좋아진다. 이번 챕터에서 배우고 있는 [ʃ]와 [ʧ], 그리고 지금 배울 [ʤ] 발음을 정확하게 할 줄 알면 실력이 쑥 올라갈 것이다.

[ʤ] 발음이 나는 스펠링은 많다. 그중 대표적인 것이 j와 g다. 먼저 워밍업으로 다음의 단어들을 읽어보자.

jam	join	gym
잼	가입하다	체육관

대부분이 이들 단어의 첫 소리인 [ʤ]를 우리말 'ㅈ'으로 발음한다. 분명히 당신도 '잼', '조인', 그리고 '짐'으로 발음했을 것이다. 예상했겠지만 모두 틀린 발음이다. 나는 수업에서 엄마들이 이렇게 발음할 때마다 속이 텅 빈 소리가 난다고 말하는데, [ʤ] 발음은 속이 꽉 찬 소리가 나야 한다. 이렇게 말하면 대체 속이 꽉 찬 소리가 뭐냐고 묻는 사람들이 있다.

[ʃ]나 [ʧ]처럼 [ʤ] 발음도 동일하게 입술을 쑥 내민 채 발음해야 한다는 의미로, 입술을 있는 힘껏 앞으로 내밀며(이것이 포인트다!) 'ㅈ'이 아니라 '주'나 '쥐'라고 발음하면 된다. 그러나 성대의 울림 없이 입술만 내밀어 발음했던 무성음인 [ʧ]와 달리 [ʤ]는 유성음이다. 그러므로 [ʤ]를 발음할 때는 성대가 울려야 한다. 즉 앞에서도 여러 번 연습한 것처럼 '쥐' 소리 앞에서 나만 들릴 만큼 작은 '(으)' 소리를 내주면 된다.

이제 이 방식으로 다시 'jam', 'join', 'gym'을 읽어보자. 입술을 내밀고 '(으)주 + 따라오는 모음'과 소리를 연결해서 발음하면 된다. 그런 다음 원어민의 발음을 듣고 반복해서 따라해보자.(QR)

jam	join	gym
[ʤæːm ; (으)잼]	[ʤɔɪn ; (으)줘어인]	[ʤɪm ; (으)쥠]

좀 더 정확한 발음을 위해 다음 단어들을 더 연습해보자. 단어들의 첫 j와 g에 해당하는 [dʒ] 발음을 집중해서 듣고 원어민과 발음이 최대한 비슷해질 때까지 따라해보는 것이 중요하다. 반복해서 강조하건대, 입이 앞으로 나오는 것을 부끄러워하지 마라.(QR)

jail	jelly	subject	jungle
감옥	젤리	과목	정글
gesture	gel	giant	large
몸짓	젤	거인	큰
schedule	edge	fridge	soldier
스케쥴	모서리	냉장고	군인

첫 번째와 두 번째 줄에서 j와 g가 포함된 단어들은 해당 스펠링을 모두 [dʒ]로 발음하면 된다. 그 음절에 강세가 있다면 강세까지 강조하며 읽어야 한다. 그러나 [dʒ] 발음이지만 강세가 없는 경우에는 좀 더 신경을 써야 한다. subject나 large 같은 단어가 이에 해당하는데, subject는 강세가 첫 음절인 'sub-'에 있으므로 '-ject'를 강하게 읽어선 안 된다. 입술은 내밀되 힘은 쭉 빼고 발음해야 정확하다. 같은 이유로 large의 강세는 'lar-'에 있으므로 '-ge'의 [dʒ] 발음을 하되 힘을 줘서는 안 된다. 강세가 없는 부분은 어깨에 힘을 빼고 입술만 내민 채로 약하게 발음하면 된다.

하지만 힘을 빼는 연습은 말처럼 쉽지 않다. 아니 매우 어렵다. 같은 맥락의 다른 이야기를 해보자면, 나는 운동하는 것을 매우 좋아하고 즐긴다. 특히 주2회 러닝과 배드민턴을 꾸준히 하고 있는데, 운동할 때마다 고수님들께 듣는 얘기가 있다.

"몸에서 힘을 빼! 그래야 제대로 할 수 있어."

"생각처럼 잘 안 되네요. 얼마나 해야 자연스럽게 힘이 빠지죠?"

"3~4년은 해야지."

"흠……."

영어 같은 외국어를 배울 때도 이 시간이 그대로 적용되는 것을 보면 운동과 외국어는 일맥상통하는 면이 많다. 방법은 자연스럽게 힘이 빠지기를 기다리며 꾸준히 공부하는 것이다. 계속 의식적으로 듣고 따라하며 연습하다 보면 될 것이다. 결론은 subject와 large를 좀 더 연습해야 한다는 소리다. 다시 한 번 다섯 번씩 반복해서 읽어보자.

마지막 세 번째 줄은 j와 g는 들어 있지 않지만 [dʒ] 발음을 가진 단어들이다. 'schedule'에는 '-du-'에 밑줄이 들어 있는데 '-du-'가 [dʒ] 발음이 나는 것은 '-du-'에 강세가 없을 경우에만 해당된다. '졸업하다'의 뜻을 가진 graduate 역시 같은 이유로 중간의 '-du-'가 [dʒ] 발음이 난다. 그리고 fridge(냉장고)와 edge(모서리)의 '-ge' 앞에 철자 d가 있을 때는 d 발음이 나지 않는다. 그래서 '-dge'일 때는 그냥 '-ge' 발음을 하면 된다. 마지막으로 '군인'을 의미하는 soldier도 위에 나온 '-du-'처럼 굉장히 특이한 경우인데, 강세가 없는 '-di-'가 단어 중간에 위치할 때는 '-di-' 부분을 [dʒ]로 발음한다. 그래서 soldier의 발음은 [|souldʒər ; 쏘울줘r]가 된다.

이쯤에서 어려워하는 당신의 모습이 그려진다. 규칙이라고 하지만 일관성이 없으니 더욱 그럴 것이다. 방법은 하나, 영어를 생긴 대로 받아들이고 최대한 많이 기억해서 실제로 사용할 수 있도록 반복하는 것뿐이다. 이 말인즉 연습만이 방법이다.

번거롭겠지만 제시한 위의 단어들은 반드시 원어민의 발음으로 들어보고 최대한 똑같아질 때까지 따라해봐야 한다. 이 과정을 통해 당신의 발음은 분명 좋아질 것이다. 마지막으로 다음 문장에 포함된 단어들을 정확히 읽어보며 이번 챕터를 마무리하자.

① 엄마, 우리 이번 주말에 shopping 가요!

② 나는 일요일마다 church에 간다.

③ 서울 한강에는 30개가 넘는 bridge들이 있다.

④ 그 soldier는 덤불 속에서 적을 발견했다.

⑤ 축구 경기를 볼 때는 무조건 chicken을 주문해야죠.

06

모음 e는 뭉쳐 있는 소리가
왜 이렇게 많죠?

· 두 번째 모음 e ·

어젯밤 잠자리에서 아이와 함께 읽은 영어 동화책은 deer와 bear가 주인공이었다. 한 tree 밑에서 우연히 발견한 meat와 honey를 서로 먼저 먹으려고 욕심 부리다 가 net에 걸려 위험에 처하지만 결국 New Year's Eve에 간신히 도망친다는 이야 기였다.

지금부터는 두 번째 모음 'e'에 대해 배우고 연습하려 한다. 위의 짧은 이야기 에 나오는 단어들만 보아도 e가 포함되는 많은 파닉스 규칙이 존재한다. 첫 번 째 모음인 'a'의 경우처럼 모음 'e'가 단어에서 어떤 다양한 소리를 내는지 경우 를 나누어 차례대로 살펴보자.

단모음 e

'단모음'의 의미를 기억하는가? 단어 내에 모음이 하나만 존재하는 경우라고 여러 번 설명했다. bag이라는 단어에서 모음은 'a' 하나이고 나머지 'b'와 'g'는 자음이므로 여기서 'a'는 단모음이 된다. 그렇다면 '단모음 e'는? 역시나 단어 안에 모음이 e 하나만 있는 경우를 말한다. pen에서 모음은 'e' 하나뿐이고 'p' 와 'n'은 모두 자음이니 pen에서 'e'는 단모음이다.

그렇다면 pen에서 '단모음 e'는 무슨 소리를 가질까? pen은 [pen ; 펜]이라고 발음하니까 단모음 e는 스펠링과 동일한 [e ; ㅔ] 발음이 난다. [e]를 발음할 때는 양쪽 입꼬리를 옆으로 당기면서 자연스럽게 [ㅔ]라고 하면 된다.

단모음 e의 발음은 까다롭지 않으니 앞뒤 자음에 신경 쓰면서 다음 단어들을 정확히 읽어보자. 그런 다음 이제 원어민의 발음으로 '단모음 e'를 포함한 다음 단어들을 듣고 반복해서 따라해보자.(QR)

red	leg	met	bell
빨간	다리	만났다	종
wet	fed	best	chef
젖은	먹이를 주었다	최고의	요리사

좀 더 확실하게 발음을 연습하기 위해 단모음 e가 있는 아래의 단어들을 몇 개 더 읽어보자.

hen	Meg	vet	jet	chess
암탉	여자 이름	수의사	제트기	체스

단모음이 있는 단어는 모음이 한 개뿐이라 대체로 단어의 길이가 짧다. 하지만 짧고 쉬운 단어라도 정확한 발음으로 읽는 연습을 하는 것이 중요하다. 그런 다음 원어민의 발음으로 듣고 반복해서 따라해보자.(QR)

이중모음 -ea, -ee, -ey, e_e

이제 모음 e가 다른 모음들과 결합하여 이중모음이 되는 경우를 살펴보자. 조금씩 어려워지고 있다는 생각이 들 것이다. 이중모음은 앞서 배운 -ai, -au처럼 모음끼리 결합하거나 -ay, -aw처럼 모음과 반모음(정확히 말하면 반모음의 성질을 지닌 자음)이 결합하는 것을 말한다. 이렇게 뭉쳐 단모음과는 또 다른 모음의 소리를 만들어낸다고 앞에서 설명했다.

모음 e는 모음 a, e, y 등과 결합하여 -ea, -ee, -ey가 되고, 단모음 e의 [e]와는 다른 모음의 소리를 만든다. 장모음 e_e의 경우도 마찬가지다. 지금부터 하나씩 살펴보자.

먼저 다음 두 단어를 읽어보자.

see	sea

모두가 알고 있듯이 see는 '보다', sea는 '바다'라는 뜻을 가졌다. 두 단어의 발음이 비슷하다고 느낄 텐데, 정확히 어떻게 같고 혹은 어떻게 다른지 설명할 수 있는가?

결론부터 말하면, 두 단어의 발음 차이는 없다. 둘 다 [si: ; 씨이이]라고 발음한다. 다만, 여기서 기억할 것은 [i:] 발음을 단순히 [i ; 이]를 길게 늘여서 발음하는 거라고 생각하는 사람이 많은데, 실제로는 그렇지 않다는 사실이다.

발음 기호표에 [i:]나 [iy]라고 표기될 경우 발음은 같다. [i] 상태에서 양쪽 입술을 누가 옆으로 잡아당긴다는 느낌으로 입술 끝을 끌어당겨 발음하면 된다. 어린 시절 사진을 찍을 때 하나 둘 셋의 마지막에 살짝 미소를 지으며 "김치~"라고 했던 기억이 있을 것이다. "김치~"라고 하면서 마지막에 입술을 양쪽으로 쭉 잡아당기는 느낌으로 입꼬리를 올렸을 텐데 그 느낌으로 [i:] 발음을 하면 된다.

사실 처음에 이 발음을 연습하면 매우 부자연스럽다. 하지만 앞에서도 말했듯이 연습만이 방법이다. 꾸준히 연습하다 보면 부끄러움은 사라지고 발음도 좋아질 테니 집중하길 바란다.

다시 새로운 단어 두 개를 제시한다.

meet   meat

'만나다'라는 의미의 meet와 '고기'를 뜻하는 meat다. 이제 알 것이다. 두 단
어의 모음들을 관심 있게 봐야 한다는 사실을 말이다. 그리고 발음을 예상해보
면? 그렇다. 이 두 단어 역시 발음이 같다. 둘 다 [miːt]라고 발음한다. 즉 이중모
음 '-ea-'와 '-ee-' 모두 [iː]=[iy] 발음이 난다. 이제 나오는 단어들을 먼저 소리
내어 읽어보자.

tea 차	**leaf** 나뭇잎	**beat** 치다	**each** 각각
deep 깊은	**seen** see의 과거분사	**heel** 뒤꿈치	**sleep** 자다
feet (두) 발	**pea** 완두콩	**dealer** 딜러	**peel** 벗기다

이번에는 원어민의 발음으로 들어볼 텐데 기존에 알고 있던 발음을
머릿속에서 지우고 "김치~"라고 할 때처럼 [iː] 발음에 집중해서 들어
보자. 다 들은 뒤에는 반복해서 따라해봐야 한다.(QR)

핵심은 '-ea'와 '-ee'를 하나의 세트로 생각하고 올바른 발음으로 읽는 것이
다. 예를 들어 leaf를 읽는다면 'l+ea+f'로 보면서 앞뒤 자음, l과 f의 발음, 그리
고 모음인 'ea'의 발음까지 신경 써서 연습해야 한다.

key

역시나 모두 아는 단어이지만, 'key'의 '-ey'가 이중모음이므로 긴 소리가 나야 한다. 그래서 [i]가 아니고 [i:]로 소리 난다. 즉 key는 [ki ; 키]가 아니라 [ki: ; 키이]라고 길게 발음한다. 짧게 '키'라고 발음하는 것과 정확한 입술 모양으로 [키이]라고 발음하는 것은 차이가 크다.

다음은 단어의 마지막 음절이 '-ney'로 끝나는 경우다. 먼저 다음 단어들을 읽어보자.

money   honey   Britney

단어들 모두 마지막 -ney의 -ey 발음이 길지 않다. 그래서 [-ni]라고 발음하면 된다. 그 이유는 -ney 앞에 강세가 있는 다른 모음이 이미 존재하기 때문이다. 세 단어 모두 강세가 첫 모음에 있으므로 -ni 부분은 힘이 빠진 듯 짧게 소리 내면 된다. ey는 [i:]로도 발음되지만 짧은 [i]로도 발음된다는 것을 기억해두면 된다.

móney   hóney   Brítney

다음으로 넘어가 두 남자의 이름을 읽어보자.

Steve   Pete

첫 이름은 무엇인가? 그렇다. 스티브다. 그럼 두 번째 이름은? 순간적으로 '페트'가 떠올랐다면 Steve에서 e_e 발음 규칙을 생각해보라. 일단 마지막 스펠링 e는 묵음이라서 소리가 없다. 대신 철자 하나(자음)를 사이에 두고 앞에 있는 e에 영향을 미쳐 Steve를 '스티브'로 발음하게 해준다.

여기서 잠깐, 그렇다면 Steve는 [stiv]일까? 아니면 [stiːv]일까? e_e의 장모음이기 때문에 [iː]가 맞다. 그래서 '스티브'가 아니라 '스티ː브'로 읽는다.

다시 Pete로 돌아와 Pete 발음을 곰곰이 생각해보면 [piːt]가 맞다. '페트'가 아니라 '피ː트'다. Pete를 '페트'라고 읽는 사람들의 특징을 보면, 대개 단어를 앞에서부터 읽는다. 앞에서 여러 번 강조했다. 단어가 나오면 무조건 앞에서부터 읽으려 하지 말고 단어 속 모음을 재빨리 스캔하라고 말이다. 이 단어도 '페―'라고 먼저 내뱉을 것이 아니라 Pete안에 있는 두 e를 먼저 확인하고 관계(규칙)를 파악한 뒤에 읽어야 한다. 이 규칙이 적용되는 단어들을 몇 개 더 살펴보자. 그런 다음 원어민의 음성으로 들으면서 발음을 확인해보자.(QR)

Irene	mete	(Christmas) Eve	compete
여자 이름	계측	크리스마스 이브	경쟁하다

이중모음 -eer, -ear

지금부터는 또 다른 이중모음 '-eer'과 '-ear'에 대해 설명한다. 이 둘 역시 앞에서 배운 '-air', '-are'처럼 모음의 뭉침이 큰 편이다. 먼저 '-eer'이다.

사슴을 의미하는 deer에서 모음에 해당하는 부분은 'eer'이다. [dɪr ; 디얼, dɪə(r) ; 디어(r)]라고 발음한다. 좀 더 자세히 들어가 '-eer' 부분의 소리가 어떻게 나는지 살펴보자. 그 전에 '-eer'가 포함된 단어들을 먼저 읽어보자.

cheer	peer	sheer
환호	또래	순수한
steer	**sneer**	**engineer**
조종하다	비웃다	엔지니어

'-eer'의 발음을 신경 써서 읽었다면 이번에는 원어민의 발음을 듣고 반복해서 따라해보자.(QR)

정리하면 먼저 이중모음 '-eer'은 [ɪr ; 이얼, ɪə(r) ; 이어(r)] 소리를 가진다. '-eer'은 예외가 없기 때문에 이 규칙만 기억해두면 된다. 지금까지 배운 '모음 e'의 규칙들을 정리하며 다음 문장 속에 포함되어 있는 단어들을 읽어보자.

① 오늘 저녁에는 꾸준히 공부하고 있는 나를 칭찬하며 beer 한 잔 해야겠다.

② 지난 주말에는 목수 Pete와 사업가 Irene의 사랑을 다룬 영화를 관람했다.

③ 인생에서 money가 전부는 아니야.

④ 기분도 우울한데 네 red jeep를 타고 sea를 보러 가는 거 어때?

이제 '-ear'을 설명할 차례다. '-ear'의 발음 규칙을 익히기 전에 단어들을 먼저 읽어보자.

hear   bear   learn

세 단어 속 '-ear'이 각각 다른 소리를 낸다는 사실을 알 수 있을 것이다. 하나씩 살펴보자.

· hear의 '-ear'

사실 '-ear'의 세 가지 발음 중에 hear과 같은 소리를 가진 단어가 가장 많다. '-ear'이 어떤 소리를 내는지 집중하여 다음 단어들을 읽어보자.

ear	near	clear	year
귀	~근처에	깨끗한	해, 년
gear	tear	rear	dear
기어	눈물	뒤쪽	사랑하는

그런 다음 원어민의 발음으로 정확하게 듣고 반복해서 따라해보자.(QR)

첫 번째 '-ear'의 규칙은 [ɪr ; 이얼. ɪə(r) ; 이어(r)]이다. 위의 단어 가운데 'rear'를 함께 분석해보면 'ear'은 [ɪr ; ɪə(r)]로 발음하고, 첫 철자인 'r'은 앞에서 배운 대로 혀를 국자 모양으로 만든 다음 혀끝을 공중에 띄우며 소리 내면 된다. 그래서 'rear'은 [rɪr ; (r)뤼얼, rɪər ; (r)뤼어(r)]라고 발음한다.

참고로 rear는 우리나라 사람들이 잘못 사용하는 대표적인 단어다. 조금 낯설 텐데 rear는 '뒤쪽', '뒤쪽의'라는 뜻으로, 우리가 흔히 자동차 '백미러'라고 부르는 것을 원어민들은 'rear mirror' 혹은 'rear-view mirror'라고 부른다. 이제는 백미러가 아닌 'rear mirror'로 정확하게 말하자. 상식으로 알아두고 발음까지 확실하게 연습해보길 바란다.

- bear의 '-ear'

누구나 알고 있는 bear의 소리를 생각하면서 '-ear' 발음을 유추해보면 어렵지 않게 이 부분이 [eə(r) ; 에어(r)]로 발음된다는 것을 알 수 있을 것이다. 같은 소리의 규칙을 가진 단어들을 먼저 살펴보자.

wear	pear	swear
입다	배	맹세하다

여기서 잠깐, pear를 혹시 [pɪər ; (p)피얼]로 읽지는 않았는가? 과일 '배'를 의미하는 pear의 발음은 [pɪər ; (p)피얼]이 아니라 [peər ; (p)페얼]이다. 많은 분들이 이 단어를 별 생각 없이 [pɪər]이라고 읽는데, 주의해야 한다.

이제 원어민의 정확한 발음으로 앞의 단어들을 들어보면서 [eər]의 두 번째 규칙을 기억해두자. 다행히 이 규칙이 적용되는 단어가 아주 많지는 않으니 이번 기회에 확실하게 해둔다는 생각으로 해당 단어들을 잘 익혀두면 된다.(QR)

- learn의 '-ear'

learn 역시 자주 접한 단어일 것이다. 처음에 나오는 l과 모음 'ear' 소리에 특히 집중해야 한다. learn은 [lɘːrn ; (l)러얼(r)언]이라고 발음한다. 다시 말해 '-ear'의 발음은 [ɘːr ; 어얼]이다. 이 규칙이 적용되는 단어도 그리 어렵지 않게 볼 수 있다.

earth	early	heard
지구	일찍	(*절대 [hɪərd ; 히얼드]가 아니다) 들었다
learn	pearl	earn
배우다	진주	(돈을) 벌다

이 단어들 모두 '-ear'이 [ɘːr ; 어얼]로 발음된다는 것에 유의하여
읽어보자. 그런 다음 원어민의 발음을 들어보고 따라해보자.(QR)

이제 아래 문장들을 읽으며 마무리하자.

① 이 earth에 얼마나 많은 생명체가 살고 있을까?

② 지금 네 모습은 마치 사막의 meerkat 같아.

③ 일본에서는 wearable 에어컨이 유행하고 있다.

④ volunteer로서 그를 만나 결국 결혼까지 했다.

⑤ 결혼 십 주년 선물로 남편이 pearl 목걸이를 사주었다.

---

* '-ear'가 들어간 단어들의 발음은 지금까지 배운 세 가지 규칙에 대부분 해당하지만 예외도 있다. 대표적인 단어가 심장을 의미하는 'heart'이다. 'heart'의 발음 기호는 [hɑːrt ; 하아r트]로, '-ear'에 해당하는 소리는 [ɑːr]이다.

07

-er, -ir, -or, -ur이
공통점이 있다고요?

잠자리에서 아이와 장래희망에 대해 이야기했다. 나중에 커서 무엇이 되고 싶냐는 질문에 아이는 잠깐의 망설임도 없이 "Spider man"이라고 했다. "엄마는 어렸을 때 inventor가 되고 싶었어"라고 말하니 아들이 묻는다. "그런데 왜 nurse가 되었어요?" "K장녀, first 딸의 비애지"라고 답했다. 아는지 모르는지 아이의 표정이 오묘하다.

문장 속 굵은 글씨들에 주목해보자. 이들 규칙도 영어 단어를 읽을 때 매우 중요하다. 특히 단어 읽기에 약한 엄마들이 꼭 기억해야 할 파닉스 규칙이다. 먼저 다음의 단어들을 소리 내어 읽어보자.

teacher	stir	doctor	nurse
선생님	휘젓다	의사	간호사

이제 밑줄 친 부분의 소리에 유의하여 발음을 우리말로 적어보자.

teacher	stir	doctor	nurse
[티:]	[스]	[닥]	[스]

어떤가? 답이 비슷한가? 아니면 제각각인가? 답을 공개하면, 위의 단어들에서 표시된 부분의 발음은 같다. '-er, -ir, -or, -ur'에 해당하는 부분의 발음은 모두 [어r]로, 답은 [티:쳐r], [스터r], [닥터r], [너스]가 된다. 발음 기호로는 [əːr]나 [ər]이다. 간혹 [ɜː r],[ɜr]로 표기되어 있는 사전도 있는데, [ə]와 [ɜ]는 같은 소리라고 봐도 무방하다. '나는 그렇게 읽지 않았는데?'라고 생각했다면 아마 두 번째 단어인 stir를 잘못 읽었을 확률이 크다. 지금까지 봐온 결과 열 명 중 아홉 명은 stir를 [스티얼]이라고 읽었다. 단모음 규칙의 의거하여 'i'를 [ɪ]라고 읽었을 것이다.

그렇다면 bird는 어떻게 읽을까? 맞다. '새'는 [비얼드]가 아니라 ['bəːrd ; 버:r드]로 읽는다. 그 이유를 설명하면, 해당 부분의 모음이 단순히 'e, i, o, u'가 아니라 '-er, -ir, -or, -ur'이기 때문이다. 앞에서 영어의 모음은 'a, e, i, o, u' 5개이고, 나머지는 모두 자음이라고 했다. 그리고 'r'은 'l, w, y'와 함께 반모음의 성질도 갖는 자음이라고 했다. 즉 단어에 모음 'a, e, i, o, u' 한 개만 있는 경우(단모음)와 '-ar, -er, -ir, -or, -ur'이 있는 경우의 모음 소리는 완전히 달라진다. 반복해서 강조하건대, 단어를 볼 때는 모음 덩어리에 신경 써야 한다.

f[i]st   f[ir]st

예를 들면 이 두 단어의 모음이 처음부터 네모 속 덩어리로 보여야 한다. 다음에 나오는 단어들을 읽을 때도 '-er, -ir, -or, -ur'이 한 개의 모음 덩어리로 보여야 단어 읽기가 수월하다.

-er	farmer 농부	mercy 은혜	perfect 완벽한
-ir	stir 휘젓다	shirt 셔츠	confirm 확인해주다
-or	tailor 재단사	actor 배우	director 감독
-ur	turn 돌다	purse 지갑	urban 도시의

미묘하게 다를 것 같은 이 네 개의 모음 덩어리가 동일한 소리를 가지고 있다니 놀랍지 않은가? 그런데 엄밀히 말하면 이들 소리도 [ər]과 [əːr]로 나눌 수 있다. 짧고 힘이 빠진 [ər]과 강한 힘이 들어가는 [əːr]로 말이다.

단어 안에서 두 소리를 구별하고 정확한 발음을 돕기 위해 단어의 강세에 대해 다시 한번 설명한다. 강세는 단어 내에서 반드시 모음(a, e, i, o, u)에만 있다. 단, 한 개의 단어 안에 모음이 여러 개일 경우에는 그중 하나의 모음에만 강세가 있다. 강세를 제대로 넣지 않으면 아무리 발음이 정확해도 원어민이 알아듣지 못하는 경우가 생긴다.

첫 단어인 farmer를 예로 들어 설명하면 앞에서도 강조했듯이 가장 먼저 모음을 찾아야 한다. 차례대로 ar과 er로, 안타깝게도 이 단어 속 모음은 단모음이 아니다. 그렇다면 이 단어의 강세는 어디에 있을까? fármer일까? 아니면 farmér 일까? 표시된 부분에 유의하여 다르게 읽어보라. 어디에 강세가 있을 때 더 자연스러운가? 맞다. farmer의 강세는 첫 모음 -ar-에 있다. 역시나 앞에서 배운 대로 마지막 음절의 '-er'은 강세가 없는 모음이므로 힘을 빼고 짧고 자연스럽게 [ər]라고 읽으면 된다. 다른 예로 skirt의 강세는 -ir-에 있다. 그러므로 이 -ir-의 발음은 짧은 소리가 아니라 길고 강한 [əːr]이다.

이제 강세까지 신경 써서 -er, -ir -or, -ur의 발음 규칙을 떠올리며 왼쪽의 단어들을 반복해서 읽어보자. 긴 [əːr] 발음인 경우 발음하려는 길이보다 조금 길게 발음하면 더 정확해진다. 그런 다음 원어민의 발음을 들으며 반복해서 따라해보자.(QR)

연습을 제대로 했다면 지금쯤 혀가 얼얼해야 정상이다. 헬스장에서 근력 운동을 하고 난 뒤 온몸이 후들후들하고 욱신거리는 것처럼 말이다. 영어에 최적화된 혀를 만들기 위한 운동이라고 생각하면 될 것이다.

08

'응응'을
영어로 표기하고 싶어요

지금부터는 이중자음 '-ng, -nk, -nc'가 [ŋ ; 응]으로 소리 나는 규칙을 배울 것이다. 정확히 이야기하면 'ㅇ' 받침이다. 나는 개인적으로 [ŋ] 발음을 좋아한다. 이유야 다양하겠지만 우리말의 [응]보다 콧소리가 더 많이 들어가서인 것도 이유라면 이유다. 우리말을 할 때는 절대 콧소리가 들어간 말을 할 수 없는 성격을 가져서라고 해두겠다.

영어의 [ŋ ; 응] 발음은 우리말의 [응]과 거의 같다고 봐도 무방하다. 하지만 [ŋ]은 콧소리, 즉 비음을 내어 입이 아닌 코를 통해 공기를 내보내며 발음한다. 그리고 공기를 내보낼 때 목 안쪽을 울리면서 소리 내야 한다. 즉 [ŋ]은 성대가 울리는 유성음이다. 먼저 다음에 나오는 단어들을 소리 내어 읽어보면서 어느 철자에서 [ŋ] 발음이 나는지 확인해보자.

bank	song	anger	sleeping
은행	노래	화	자고 있는

정확한 이유는 모르지만 느낌상 그럴 것 같아서 숱하게 [ŋ]으로 발음해왔을 단어들이다. 이번 챕터에서는 그 정확한 이유를 알려줄 것이다. 고맙게도 규칙이 그리 복잡하지도 않고 발음이 까다롭지도 않으니 조금 가벼운 마음으로 임해도 된다.

-ng (-ing)

스펠링에 '-ng'가 들어 있는 경우로 [ŋ] 발음이 나는 대표적인 예다. 여기서는 단어의 마지막 철자가 '-ng'로 끝나는 경우만 설명할 것이다. 혹시 이름 중에 'ㅇ' 받침이 들어가는 분이 있다면 여권에 적힌 철자를 확인해보라. 예를 들어 이름이 '강영경'이라면 이 사람의 영어 철자는 모두 '-ng'로 끝날 것이다. 세 글자에 모두 'ㅇ' 받침이 들어가기 때문이다.

long	swing	young	gang
긴	그네	젊은	범죄 조직

이들 단어 역시 모두 '모음+ng'로 끝나고, 역시나 마지막 발음은 [-ŋ]이다. '-ng'가 포함된 단어를 읽을 때는 앞뒤 자음과 모음에 신경 써서 정확하게 발음하고 마지막에 콧소리를 내듯 [-ŋ]을 내면 쉽다.

'-ng' 말고 '-ing'로 끝나는 단어도 많이 접할 것이다. 엄격히 말해 이 둘은 같은 규칙은 아니지만 발음이 같다. [-ŋ ; 잉]으로 발음하면 된다. 참고로 단어의 원래 모양이 '-ing'인 경우도 있고, 동사에 -ing가 붙어 현재분사로 기능하는 경우도 있다. 이 부분은 4장에서 현재진행형 시제를 설명할 때 자세히 할 것이다.

정리하면, 단어가 원래 '-ing'로 끝나는 경우든, 동사에 '-ing'가 붙은 형태든 마지막 발음은 무조건 [-ŋ ; 잉]으로 똑같이 하면 된다. 다음에 나오는 단어들이 그 예다.

outgoing	bring	playing	studying
외향적인	가져오다	놀고 있는 (play+ing)	공부하고 있는 (study+ing)

발음을 확실히 익히기 위해서 '-ng'와 '-ing'로 끝나는 단어들을 반복해서 읽어보자. 충분히 연습했다면 원어민의 발음을 들으면서 지금 배우고 있는 [ŋ] 발음뿐만 아니라 단어 전체를 똑같이 읽을 수 있을 때까지 연습해보자.(QR)

여기서 한 가지 추가하면, '혀'를 뜻하는 tongue도 [ŋ] 발음으로 끝난다. 그래서 tongue의 마지막 철자는 '-ngue'이지만 -ng를 [ŋ]으로 발음한다. 그 뒤에 오는 -ue는 묵음으로 소리 내지 않는다. 처음에 보면 읽기가 쉽지 않은 조금 특별한 단어이므로 기억해두기 바란다. 그래서 tongue의 발음 기호는 [tʌŋ ; 터엉]이다.

-ng-

이번에는 '-ng-'가 단어의 마지막이 아닌 중간에 들어 있는 경우다. 두 경우는 비슷하지만 결정적으로 다른 한 가지가 있다. 단어들을 먼저 읽어보자.

fling	finger	sing	single
내던지다	손가락	노래하다	단 하나의

그런 다음 원어민의 발음을 들어보면서 '-ng'의 위치에 따른 차이점을 파악해보자.(QR)

'-ng'로 끝나는 두 단어 fling과 sing은 앞에서 배운 대로 마지막에 위치한 '-ng'를 [ŋ] 발음으로 끝내면 된다. 하지만 finger와 single에서는 '-ng-'가 단어 중간에 위치한다. 이때도 물론 [ŋ] 발음이 나지만 그건 '-ng-'의 '-n-'에 해당하는 발음이다. '-ng-' 중 '-n'에서 [ŋ ; 응] 소리가 나고, 바로 뒤에 있는 '-g-'는 원래의 발음 소리를 내는 게 특징이라 할 수 있다.

더 자세히 설명하면 finger를 2음절로 나누면 'fin/ger'가 된다. 여기서 'fin-' 부분이 ['fɪŋ- ; 핑-]이고, 두 번째 음절인 '-ger'는 g의 발음이 그대로 살아 [-gər ; 그어r]이 된다. single도 'sin/gle'의 2음절이 ['sɪŋ/ gl ; 씽/ 그으L]이 된다. 이 설명을 잘 기억하면서 다음 단어들을 연습해보자.(QR)

angry	English	jungle	flamingo
화난	영어	정글	홍학
hungry	**triangle**	**rectangle**	**tangle**
배고픈	삼각형	직사각형	엉킨 상태

어려워 보인다고 해서 겁먹을 필요가 없다. 모음을 중심으로 음절을 나눠 단어를 보는 연습을 하면 조금 수월하게 익힐 수 있다.

an/gry	En/glish	jun/gle	fla/min/go
hun/gry	tri/an/gle	rec/tan/gle	tan/gle

이렇게 읽는 동시에 지금 배우는 -ng의 규칙을 잘 지키고 있는지 스스로 점검해야 한다. 단어 내의 다른 모음 규칙과 자음 발음까지 신경 써야 하는 것은 당연하다. 틀리는 것에 대한 걱정을 덜고 가능하면 많이 읽어보길 권한다. 그런 다음 원어민의 발음을 들으면 내가 실수한 부분, 부족한 부분이 자연스럽게 드러난다. 이런 과정이 쌓이고 쌓여 실력이 된다.(QR)

-nk

[ŋ ; 응] 발음이 되는 또 다른 경우는 단어에 '-nk'가 들어 있을 때다. bank처럼 말이다. '은행'을 뜻하는 bank를 [bæŋk ; 배엥크]라고 발음하는 이유를 생각해보자. 이 단어의 유일한 모음인 a는 앞에서 배운 대로 단모음 a가 될 터이니 [æ ; 애에]로 발음된다. 그리고 단어 마지막에 '-nk'가 있다. [배엥-]에서 '-nk'의 '-n-'이 [ŋ] 발음이 된다는 뜻이다. 여기에 마지막 [-k] 발음을 더하면 완성이다.

'-nk'의 경우는 위의 '-ng-'가 단어 중간에 위치했을 때처럼 '-n-'을 [ŋ]으로 발음하면 되고, 뒤의 '-k'는 본래 발음대로 [k] 소리를 내면 된다. tank도 마찬가지다. 같은 이유로 우리는 이 단어를 [tæŋk ; 태엥ㅋ]라고 읽는다. '-nk'가 단어 중간이나 마지막에 위치해도 마찬가지다. 이제 아래 단어들을 읽으며 연습해보자.

pink	wink	thank	blink
분홍색	윙크하다	감사하다	눈을 깜박이다
think	donkey	twinkle	monkey
생각하다	당나귀	반짝거리다	원숭이

모든 단어를 읽을 때 단어 내에서 '-nk'가 어디 있는지를 확인하고 [-ŋk ; -응ㅋ] 발음을 제대로 하고 있는지 의식하며 읽어보자. 그런 다음 원어민의 발음을 들으며 반복해서 따라해보자. 최대한 원어민의 발음과 같아질 때까지 연습하는 것이 발음 향상의 지름길이다.(QR)

한 가지 추가하면 '-nc'도 동일한 소리가 난다. 자음 'c'와 'k'는 똑같이 [k] 발음을 갖기 때문이다. '-nk'보다 적용되는 단어의 수는 적지만 '-nc' 철자가 포함된 단어도 [ŋk] 발음이 된다는 사실을 기억하자.

zinc	distinct	uncle
아연	확실한	삼촌

세 개의 단어를 소리 내어 연습해보고 원어민의 발음을 들으며 반복해서 따라해보자.(QR)

지금까지 [ŋ] 발음이 나는 경우들을 살펴보았다. 이제 다음에 나오는 문장을 읽으며 이 챕터를 마무리하자.

① 내 친구는 출산에 대한 공포와 양육에 대한 부담으로 DINK(s)를 선택했다.
   (*딩크족: Double Income, No Kids의 약자로 아이를 낳지 않는 맞벌이 부부라는 뜻)

② 여드름 흉터를 없애는 데는 zinc 보충제가 도움이 된다.

③ 내성적인 그녀와 달리 그는 성격이 굉장히 outgoing하다.

④ 저는 flamingo라는 새가 아름답고 매력적이더라고요.

⑤ 그의 어머니는 밤마다 'twinkle, twinkle, little star' 노래를 불러주셨다.

아침밥이 아니라
검은색을 먹는다고요?

l과 r의 위치에 따른 발음

이번에 배울 규칙도 이중자음이다. 어렵지는 않지만 의외로 잘못 읽는 경우가 많은 규칙이다. 먼저 나오는 단어들을 읽어보자.

clam	cram	bleed	breakfast
조개	밀어 넣다	피를 흘리다	아침 식사

모두 '자음+자음'으로 시작하는 단어로, 앞의 두 개는 'cl-', 'cr-'로 시작하고, 뒤의 두 개는 'bl-', 'br-'로 시작한다. 이렇게 하나의 자음에 또 다른 자음이 연달아 위치하는 경우를 '이중자음'이라고 한다. '학교'라는 단어를 가지고 한

글과의 차이점, 영어 이중자음의 특징을 설명하겠다.

먼저 첫 글자인 '학'은 자음 ㅎ과 모음 ㅏ, 그리고 자음 ㄱ의 결합이다. 두 번째 글자인 '교'는 자음 ㄱ과 모음 ㅛ의 결합이다. 이것이 합쳐져 '학교'가 된다. 즉 한글은 '자음+모음' 혹은 '자음+모음+자음'으로 이루어진다. 그러나 영어는 다르다. 한글처럼 '자음+모음'(예: go), '자음+모음+자음'(예: ant)으로 결합된 경우가 많지만 '자음+자음'이 포함된 단어도 많다. 앞의 단어들이 바로 그 예다. 네 단어 모두 앞에 나오는 두 개의 철자가 '자음+ 자음'으로 되어 있다. 이렇게 '자음+자음', 즉 이중으로 자음이 있다고 해서 이중자음이라고 부른다.

이중자음의 의미를 이해했으니 이제 본격적으로 들어가보자. 이번 챕터에서는 두 번째 자음이 l과 r일 때 발음과 파닉스 규칙의 차이를 설명하려고 한다.

c<u>l</u>am   c<u>r</u>am

<u>bl</u>eed   <u>br</u>eakfast

'조개'라는 의미를 지닌 clam의 발음은 [klæm][클래엠]이고, '밀어넣다, 벼락치기 공부를 하다'를 의미하는 cram은 [kræm][크래엠]이다. 여기서 중요한 스펠링이 하나 있는데, 바로 'l'이다. 'l'은 매우 독특한 특징을 지닌 철자로, clam을 가지고 설명하겠다.

파닉스 규칙대로라면 clam은 cl [kl][클]+am[æm][애엠] ⇒ clam[klæm][클애엠]이 되어야 한다. 하지만 위에서 읽었듯이 우리는 이 단어를 clam[klæm][클래엠]으로 읽는다. 왜일까? 이중자음일 때 'l'이 앞뒤로 모두 영향을 끼쳐 두 번 발음되기 때문이다.

$$\text{clam [klæm]} \Rightarrow \text{[kl] [클] + [læm] [래엠]}$$

$$\underset{\downarrow\uparrow}{c\,|\,a\,m}$$

다른 예로 black 역시 이중자음으로 시작한다. 두 번째 철자가 'l'이기 때문에 우리는 이 단어를 bl[블]+ack[애엑]=black[블애엑]이 아닌 bl[블]+lack[래엑]으로 발음한다.

이제 이중자음 중 두 번째 철자가 'r'인 경우를 보자. cram은 [kræm][크래엠]으로, c/ram으로 나눌 수 있다. 이 발음을 할 때는 두 번째에 위치한 'r'이 앞의 c에 영향을 주어서는 안 된다. 많은 분들이 이 단어를 '클램'으로 발음하는데, 이렇게 발음할 경우 듣는 사람이 '클'을 'cl-'로 시작하는 단어로 이해하여 알아듣지 못할 수 있다.

그럼 이번에는 breakfast를 발음해보자. breakfast는 오랫동안 나를 놀라게 한 단어다. 10명 중 7명꼴로 이 단어를 [블랙퍼스트]라고 발음했기 때문이다. 위의 규칙만 적용해도 'br-'이라는 이중자음으로 시작하므로 [블-]로 발음한다는 자체가 이미 틀렸다. 두 번째 철자 'r'이 앞소리에 영향을 미쳐서는 안 된다. 재미있는 건 'bread'는 정확하게 [bred][브레드]라고 읽으면서 breakfast는 [블랙퍼스트]라고 읽는다는 사실이다. 명심하라. 두 단어 모두 같은 이중자음인 'br-'로 시작하므로 같은 규칙으로 읽어야 한다. 다시 한번 강조한다. breakfast는 [블렉퍼스트]가 아니라 ['brekfəst ; 브(r)렉(f)퍼슽]으로 발음해야 한다. 마지막으로 이중자음으로 시작하는 단어들을 몇 개만 더 읽어보자.

play	pray
grip	glass
class	crayon
trunk	slim

좌우 단어들을 확실히 구분해서 읽을 줄 알아야 한다. 그런 다음 원어민의 발음으로 정확한 소리를 확인하고 반복해서 따라해보자.(QR)

마지막으로 아래 문장에 나오는 단어들을 읽으면서 이번 챕터를 마무리하자.

① 저기요, breakfast는 어디에서 먹을 수 있죠?

② 바람에 flag가 휘날린다.

③ 우리 아이는 겨울에 눈이 오면 sled를 타느라 정신이 없다.

④ 여기는 시골이라서 가을밤에 frog 소리가 들린다.

10

제가 아는 i의 소리는
'이'뿐인데 다른 소리도 있나요?

· 세 번째 모음 i ·

딸이 하루 종일 아빠를 기다리고 있다. 고장 난 bike를 아빠에게 fix해달라고 부탁하기 위해서다. tie를 매고 briefcase를 든 채 퇴근하는 아빠를 맞이하는 아이의 얼굴에 기쁨이 넘친다. 아이의 bike를 fix해주면서 남편이 실없는 소리를 한다. "나는 나중에 retire하면 시골에 내려가 정비소를 차릴 거야." 그 말에 나는 고장 난 air purifier나 고치라고 소리쳤다.

5개의 모음 중 알파벳 순서대로 a와 e를 앞에서 공부했고, 이제 세 번째 i를 공부할 차례다. i도 간단한 단모음부터 시작해 장모음, 이중모음의 순서대로 설명할 것이다.

단모음 i

다음 단어들을 먼저 읽어보자.

pig	mix	lip	fist
돼지	섞다	입술	주먹

단어들에서 모음은 i뿐이다. 그러므로 단모음 i가 된다. 단모음 i의 발음은 스펠링과 같은 발음인 [ɪ ; 이]이다. [ɪ]를 발음할 때는 입술에 힘을 빼고 자연스럽게 발음한다. 이 부분에 유의하면서 단모음 i가 들어간 아래 단어들을 더 연습해보자.

bit	wig	fish	spin
조금	가발	물고기	돌다
win	sick	pill	chick
이기다	아픈	알약	병아리

이제 원어민의 발음으로 소리를 듣고 반복해서 따라 읽어보자.(QR)

앞서 〈모음 e〉에서 설명한 [i:]의 발음과는 반드시 구분해야 한다. 예를 들어 meet에서 'ee' 부분의 발음은 [i:]이고, 입술 양끝을 옆으로 찢듯이 발음한다고 배웠다. 조커의 입술이 양쪽으로 찢어진 것처럼 말이다. 이렇게 하면 입술에 힘이 들어갈 수밖에 없다. 그러나 단모음 [i]는 입술에 힘을 빼고 자연스럽게 발음해야 하는 소리다.

아래 두 단어를 읽어보고 발음의 차이점을 생각해보자.

sit   seat

들어보면 단순히 소리의 길고 짧음뿐만 아니라 입술의 모양과 힘이 들어가는 정도도 다르다는 것이 느껴질 것이다.

사실 단어 안의 모음을 보면 규칙은 간단하다. sit에서 'i'는 단모음이고, seat에서 'ea'는 이중모음이다. 하나는 단모음이고 하나는 이중모음이니 적용되는 규칙도 당연히 다르다. 방금 설명한 단모음 [i]와 이중모음 [i:]의 발음을 떠올리면서 두 단어를 다시 한 번 읽어본 뒤 원어민의 발음을 들어보자.(QR)

장모음 _i_e

5개의 모음 중 i가 그나마 파닉스 규칙이 복잡하지 않고 정해진 규칙에서 예외가 많지 않은 편이다. 그래서 규칙을 정확하게 기억해놓으면 실수도 줄일 수 있다. 기억해야 할 것은, 모르는 단어에서 I가 나왔을 때 무조건 [ɪ ; 이]로 읽는다는 생각을 버리는 것이다. 먼저 다음의 단어들을 읽으며 모음 i의 발음을 생각해보자.

kite	ripe	spike	pine
연	익은	뾰족한 것	소나무

단어를 읽을 때 무조건 앞에서부터 읽을 것이 아니라 단어 속 모음을 빨리 찾아 파닉스 규칙을 떠올리는 것이 중요하다고 여러 번 반복했다.

이 단어들에서는 공통된 규칙이 보인다. 모음 'i+자음+e'이다. 단어의 마지막 철자가 'e'이면 무조건, 그러니까 예외 없이 묵음이라고 했던 규칙을 기억하는가? 위의 단어들 모두 마지막 스펠링이 e이니 묵음이다. 하지만 여기서 주의할 것은, 소리도 없는 묵음 e를 아무 이유 없이 마지막에 두지 않았을 거라는 사실이다. 즉 이 'e'는 소리는 없지만 앞소리에 영향을 주기 때문에 존재한다.

다시 단어를 살펴보면 마지막 스펠링은 모두 e이고, 바로 앞에 모두 자음이 있다. kite의 t, ripe의 p, spike의 k, 그리고 pine의 n이다. 그리고 이들 자음 앞에 단어들의 핵심 모음인 i가 공통적으로 들어 있다. 마지막 스펠링 e가 두 칸 앞 i의 소리에 영향을 준다는 뜻이다.

(자음) i (자음) e (마지막 e는 묵음)

이런 규칙의 장모음에서 i는 무슨 소리가 나는가? 그렇다. 장모음 i_e에서 i는 [ai ; 아이]의 발음을 가진다. 혹시 위의 단어들 중 이 규칙으로 읽지 않고 그냥 [ɪ]로 읽은 단어가 있다면 방금 설명한 규칙을 떠올리면서 다시 한 번 읽어보자. 그런 다음 원어민의 발음으로 듣고 따라해보자.(QR)

이번에는 다음 두 단어의 차이를 생각하며 읽어보자.

rim
가장자리

rime
서리

두 단어가 비슷해 보이지만 모음에서 큰 차이가 있다. rim에는 단모음 i 가 있지만 rime에는 장모음 i_e 가 있다. 당연히 i의 소리도 다르다. rim의 i는 단모음 [i ; 이]이고, rime의 i는 장모음 [ai ; 아이]로 발음된다. 간단하지만 굉장히 중요한 규칙이다. 왜냐하면 이 규칙은 단어 끝에 위치할 때만 적용되는 것이 아니기 때문이다. 원어민의 발음으로 확인해보자.(QR)

내가 휴식을 취할 때 매우 유용하게 사용하는 recliner를 예로 들어 더 설명하겠다. recliner는 우리가 일상에서 빈번하게 사용하는 외래어로, recline은 '비스듬히 편안하게 기대다'라는 의미를 가지고 있다. 이 단어의 마지막 모음 부분에서 장모음 i_e가 보인다. 그래서 이 단어의 발음은 [rɪˈklaɪn][리클**라**인]이 된다. 그리고 단어 마지막에 –er이 붙으면서 '편안하게 등받이가 젖혀지는 의자'라는 뜻으로 살짝 바뀐다.

recliner

이제 여기서 모음을 찾아보자. 첫 음절의 re–는 [rɪ–]로 발음되고, 그 뒤의 장모음 i_e는 단어 끝이 아닌 중간에 위치한다. 여기서 e는 단어의 마지막 철자가 아니므로 묵음이 아니다. 게다가 이 단어의 중간에는 까다로운 'l'까지 위치해 있다. 앞에서 'l'은 앞뒤 소리에 모두 영향을 미치는 독특한 성질을 가졌다고 했다. 그러므로 '-cl-'과 '-liner' 두 곳에 모두 'l' 소리가 들어간다. 그 다음에 오는 장모음 i는 두 스펠링 뒤에 위치한 e의 영향을 받아 [aɪ]로 발음되고, 마지막 -er는 규칙대로 [ər]로 발음된다. 그러므로 recliner는 [rɪ-ˈkl-(l)aɪ-nər]로 발음된다. 강세는 [-kl] 발음 앞에 표시되어 있지만 모음이 아니기 때문에 강세 표시 뒤에 처음으로 나오는 -la-에 강세가 위치한다. 스펠링과 발음 기호를 보며 여러 번 읽어본 뒤 원어민의 발음을 듣고 따라해보자.(QR)

이렇듯 앞에서 배운 장모음 a_e와 지금 배운 i_e 모두 단어 끝이나 중간에 위치할 경우 적용되는 규칙이 많다. 규칙을 잘 생각하며 다음에 나오는 단어들을 읽고 머릿속으로 정리해보자. 그런 다음 원어민의 발음을 듣고 반복해서 따라해보자.(QR)

spider	arrive	exercise	bagpipes
거미	도착하다	운동	백파이프

이제 단모음 i와 장모음 'i_e'의 규칙을 정리하며 다음 문장에 포함된 단어들을 소리 내어 정확히 읽어보자.

① 제주도 스타벅스에서 마신 청귤 lime ade는 정말 맛있었다.

② 나는 살을 빼고 싶다면 주3회 이상 exercise를 하라는 의사의 말에 좌절했다.

③ 아이들 사이에서 slime을 가지고 노는 건 이제 유행이 지났다.

④ 캠핑 가서 모기에 물린 부위가 itchy하다.

⑤ 호주에 사는 날다람쥐 종 가운데 sugar glider가 있다.

이중모음 -ie

　이번에 배울 규칙은 '-ie'로 모음 i와 e가 연달아 붙은 이중모음이다. 이 소리 는 크게 두 가지로 나뉜다. 먼저 단어가 -ie로 끝나는 경우, 좀 더 정확히 말하면 이중모음 -ie가 단어 끝에 존재하면서 단어 내에 다른 모음이 없는 경우의 발음 이다. 예를 들면 tie처럼 말이다. 이때는 유일한 모음인 -ie를 장모음으로 길게 [aɪ]로 발음하면 된다. 다음의 단어들을 읽으며 연습해보자. 그런 다음 원어민의 발음을 듣고 반복해서 따라해보자.(QR)

tie	**die**	**lie**	**pie**
넥타이	죽다	거짓말하다	파이

　그러나 단어 마지막에 -ie가 있더라도 단어 안에 다른 모음이 존재하면 발음 이 달라진다. '섬뜩한, 으스스한'의 뜻을 지닌 eerie를 예로 들면, 단어 마지막에 이중모음 -ie가 있지만 이게 단어에서 유일한 모음은 아니다. 단어 처음에 이중 모음 'ee-'가 있기 때문이다. 그럼 이 단어의 주된 모음과 강세는 어디가 될까? 맞다. 단어 앞에 있는 'ee-'에 강세가 있고, 그것이 주된 모음이 된다. 이때 마지 막 '-ie'는 굳이 장모음으로 길게 발음할 필요가 없으며 그냥 [i]로 발음하면 된 다. 그럼 eerie의 정확한 발음은 무엇일까? ['iri]이다. 이중모음 'ee'와 'ie'의 발 음을 생각하면서 들으면 기억하기 쉽다. 원어민의 발음으로도 확인해 보자.(QR)

　두 번째는 '-ie'가 단어 끝이 아닌 중간에 위치해 첫 번째와 다른 소리를 갖 는 경우다. 서류 가방을 뜻하는 briefcase를 예로 들어서 설명한다. 간혹 이 단어를 brief case로 띄어서 쓰기도 하는데, 붙여 쓰는 경우가 대부분이다. 보다시피 brief에는 이중모음 '-ie'가 들어 있다. 그러나 단어 끝에 위치하지 않기 때문에 [aɪ]로 발음하지 않는다. 그렇다면 어떻게 발음할까? [iː]이다. 즉 brief의 발음은 [briːf]가 된다. 두 번째 경우에 이중모음 '-ie'는 [iː] 발음이다. 이 규칙이 적용되는 단어들은 의외로 많다. 모음은 물론 자음 규칙까지 적용하여 다음에 나오는 단어들을 반복해서 연습해보자. -ie 모음의 [iː]는 단순히 [i ; 이]를 길게 발음하는 것이 아니라 입술 양끝을 좌우로 끌어당기듯 발음하는 것이 포인트라고 한 점을 기억하면서 읽으면 더 정확하다.

brief	piece	diesel	field
간단한	조각	디젤	들판

이제 원어민의 발음으로 들어보자. 최대한 원어민의 발음과 똑같아 질 때까지 반복해서 연습하는 것이 중요하다.(QR)

참고로, 한 회사나 기업의 대표를 칭할 때 CEO란 표현을 많이 쓴다. 이 단어가 축약된 형태라는 건 알고 있을 것이다. 그렇다면 정확히 어떤 단어를 줄인 걸까? CEO는 Chief Executive Officer의 첫 스펠링을 딴 약자다. 이 중 Chief는 지금 배우고 있는 파닉스 규칙으로 읽히는 단어로, [tʃiː f][취이ːf]로 발음하며 '최고위자'라는 뜻을 가진다. 중간에 Executive의 발음은 [ɪgˈzekjətɪv ; 이그(z)제커티브(v)]이며, '경영진'을 뜻한다. 그리고 마지막 Officer는 '정부나 큰 조직에서 주요 직책을 맡고 있는 사람'을 뜻하므로 CEO는 '최고경영자'의 의미를 가진다.

이중모음 -ire, -ier

지금부터 설명하는 이중모음도 많은 단어에 적용되는 규칙이다. 쉬운 단어부터 어려운 단어까지 두루 볼 수 있는 파닉스 규칙인 만큼 잘 익혀두길 바란다.

❶ -ire

애초에 'ire'라는 단어가 있다. 주로 문학 작품이나 굉장히 격식 있는 자리에서 사용하는, 조금 낯선 단어다. 일단 ire의 소리를 예상해보자. [ɪər ; 이얼]일까? 아니면 [aɪər ; 아이얼]일까? 답은 [aɪər]이다. 모음 i 뒤에 다른 모음 -re가 이중으로 위치하여 앞의 i가 장모음 소리를 낸다. 다시 말해 i 자체가 [aɪ]로 긴 모음의 소리를 낸다. fire나 tire 같은 경우가 이에 해당한다. fire는 [faɪər ; (f)파이얼]로 읽고, tire 역시 [taɪər] [타이얼]로 읽는다. 두 단어의 맨 처음 자음, f와 t 뒤에 있는 모음 i가 [aɪ] 소리를 지니고, 그 뒤에 오는 모음 -re이 [ər] 소리를 낸다. 같은 규칙의 다른 단어들을 좀 더 연습해보고 원어민의 발음으로 들어보자.(QR)

hire	dire	retire	inspire
고용하다	지독한	은퇴하다	영감을 주다

이 단어들은 공통점이 있다. 맞다. 마지막에 '-ire'가 있다. 그러므로 이 부분의 발음은 [aɪər]이 된다. 4개의 단어 중 앞의 두 개는 모음이 '-ire'뿐이므로 지금 배우고 있는 규칙 그대로 읽으면 된다. 그러나 뒤의 두 개는 '-ire' 말고도 다른 모음이 존재한다. 먼저 re-tire는 앞의 re- 발음이 [rɪ; (r)뤼]가 된다. 그럼 이

단어의 전체 발음은 [rɪ ˈtaɪər]이 되고, 강세는 발음 기호에 표시된 대로 [-ta-]에 있다. 그래서 발음은 [(r)뤼타이얼]이 된다. 마찬가지로 inspire도 모음 중심으로 읽어내면 발음은 [ɪn ˈspaɪər]이고, 강세는 [-pa-]에 있다. 그래서 [인스(p)파이얼]이 된다. 이와 같은 규칙을 가진 단어를 몇 개 더 읽어보자. 그런 다음 원어민의 음성으로 발음을 확인하고 반복해서 따라해보자.(QR)

admire	desire	attire	expire
존경하다	욕구	복장	만료되다

❷ -ier

비슷한 원리로 발음되는 규칙이 하나 더 있다. 단어의 마지막이 '-ier'로 끝나는 경우다.

수업 중에 종종 공기청정기가 영어로 뭐냐는 질문을 받는다. 일 년 내내 골칫거리인 미세먼지 때문에 이제는 생활 필수품이 된 가전제품이라 그런 듯하다. 공기청정기는 영어로 air purifier이다. 그럼 여기서 purifier의 발음을 유추해보자. 앞부분 puri-의 발음은 [ˈpjʊrɪ; 퓨(r)뤼-]이다. 그럼 뒷부분 -fier의 발음은 어떻게 될까? purifier의 마지막 음절 소리는 [-fɪər]일까? 아니면 [-faɪər]일까? 이중모음의 특성을 가지므로 발음은 [aɪər]가 맞다. 앞에서 배운 '-ire'와 '-ier' 둘 다 파닉스 규칙은 [aɪər]이다. 발음을 외워서 소리 내려 하지 말고 스펠링을 보며 발음을 기억하자. pu/ri/fier로 음절을 나눈 뒤 각각에 해당하는 스펠링과 소리를 연관 지으면 스펠링과 발음을 굳이 외울 필요가 없다. 대신 연습할 때는 반드시 입 밖으로 소리를 뱉어야 한다. '정화하다'라는 뜻의 동사 purify에 '-er'이 붙어 단어 끝이 purifier로 바뀌면서 '정화해주는 장치'가 되었다. 그래서 air purifier는 공기청정기다.

이제 이 규칙이 적용되는 단어 몇 개를 더 연습해보자. 틀려도 괜찮다. 원어민의 발음을 듣기 전에 반드시 먼저 읽어봐야 실력이 는다.

purifier	supplier	identifier	modifier	multiplier
정화 장치	공급자	식별자	수식어	곱하는 수

이 단어들은 조금 어려운 편이다. 원어민의 발음으로 들어보며 얼마 나 비슷하게 읽었는지 비교해보자.(QR)

혹시 잘못 읽은 모음 부분이 있다면 꼭 체크해두고 반복 연습하길 권한다. 지금 배우고 있는 '-ire'과 '-ier'는 단어 끝에 오는 경우가 대부분이기 때문에 이 규칙만 잘 기억하면 어렵지 않게 읽을 수 있을 것이다. 배운 규칙을 다시 한 번 떠올리며 다음 문장을 읽어보자.

① 내 딸은 vampire가 나오는 영화를 매우 즐겨 본다.

② 우리 집엔 water purifier가 없어서 생수를 주문해 마신다.

③ 남편은 출장 갈 때면 꼭 briefcase를 챙겨간다.

④ 전자전품의 wire를 잘 정리하면 집이 깔끔해 보인다.

⑤ CEO는 'Chief Executive Officer'의 약자다.

11

혀가 보여야
제대로 발음하고 있는 겁니다

스펠링에 'th'가 들어 있으면 발음할 때 정신을 바짝 차려야 한다. 정확하게 소리 내기가 쉽지 않은 발음이기 때문이다. 실제로 오랫동안 수업을 하며 관찰해본 결과 'th'가 들어간 단어를 발음할 때 대충하거나 아예 잘못 소리 내는 경우가 많았다. 우선 다음 문장에 포함된 단어들의 'th' 발음을 구별하며 문장을 읽어보자.

This health club closes on Thursday.
이 헬스장은 목요일에 문을 닫는다.

이 문장에서 'th'가 포함된 단어는 3개다. this, health, 그리고 Thursday.

이번 챕터에서는 이렇게 'th'가 들어가 있는 단어들의 발음을 공부할 것이다.

'th'의 발음은 크게 두 가지로 나뉘는데, 하나는 번데기 발음이고 하나는 돼지 꼬랑지 발음이다. 이 중 번데기 발음 먼저 설명한다.

번데기 발음 'th' [θ]

[θ]는 발음 기호가 마치 번데기처럼 생겼다고 해서 흔히 '번데기 발음'이라 불린다. 이 번데기 발음은 [ㅅ] 혹은 [ㅆ]을 혀를 내민 상태로 발음한다고 생각하면 이해하기 쉽다. 'th'의 두 가지 발음은 소리는 전혀 다르지만 매우 중요한 공통점이 하나 있는데, 바로 두 발음 모두 혀가 밖으로 보이게 발음해야 한다는 것이다. 그러니까 혀끝이 보이게 입술 밖으로 내민 상태로 발음을 시작한다. 먼저 번데기 발음 [θ]를 하는 순서를 살펴보자.

① 혀끝이 살짝 보이도록 입 밖으로 혀끝을 내민다.
② 그 상태에서 입 안쪽의 혀 몸통 부분을 윗니를 붙인다.
③ 그 상태로 공기를 내뿜으면서 [쓰]라고 소리 냄과 동시에 내밀었던 혀끝을 입 안으로 쏙 잡아당긴다.

여담으로, 내가 수업할 때 이 [θ] 발음을 잘하는 본보기로 언급하는 사람이 있는데, 바로 무한긍정의 예능인 노홍철이다. 그는 'ㅅ' 발음을 번데기 발음 [θ]로 한다. 그래서 듣고 있으면 약간 공기가 빠지는 소리가 많이 난다. 이렇듯 우리말 'ㅅ' 소리를 번데기 발음 [θ]으로 하는 사람이 있는 반면 'ㅅ'으로 통치는

사람도 많다. 예를 들어 health라는
단어를 발음할 때 마지막 '-th'가 [θ]
발음임에도 그냥 [s]로 발음하는 경
우다.

번데기 발음이 나는 'th'가 들어간
단어는 매우 많다. 그런데 많은 분들
이 이 발음을 연습할 때 혀끝을 내미는 것을 부끄러워한다. 앞에서도 여러 번 강
조했지만 혀를 내밀며 발음하는 게 이상하다고 생각하는 사람은 없다. 게다가
매우 순간적으로 발음하기 때문에 다른 사람의 눈을 의식할 필요가 전혀 없다.
다만 혀끝을 내밀어 발음하느냐, 하지 않느냐가 소리로 정확하게 들릴 뿐이다.
무엇보다 영어 발음은 눈으로 보이는 게 아니라 귀로 들리는 것이니 보이는 것에
신경 쓰지 말자. 그저 배운 대로 정확히 발음하는 데만 집중하면 된다.

이제 번데기 발음이 나오는 다음의 단어들을 연습해보자. 설명한 대로 'th'에
해당하는 음절에서 혀끝을 내밀고 혀 위에 윗니를 붙인 상태로 공기를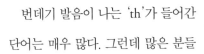
내뿜는 것이 중요하다. 그런 다음 원어민의 발음으로 듣고 따라해보
자.(QR)

health	three	think	thousand
건강	셋(3)	생각하다	천(1,000)
thank	**death**	**thin**	**theme**
고마워하다	죽음	얇은	테마

이쯤에서 한 가지 짚고 넘어갈 것이 있다. 먼저 좌우 두 단어의 차이점을 잘 생각하면서 소리 내어 읽어보자.

sin   thin
seem   theme

'th'에 해당하는 단어들은 앞에서 이미 읽어보았고, 왼쪽의 두 단어는 [s]로 시작한다. [s]는 입의 양쪽 끝을 좌우로 당기는 느낌으로 발음하며, 이때 혀는 밖으로 나오지 않는다. 쉽게 설명하면, 사진 찍을 때 어색한 표정을 감추기 위해 '치즈'라고 하는 순간을 떠올리면 된다. 마지막 음절 [즈]를 발음할 때 입모양이 [s]의 입모양과 동일하다. 뒤에서 배우겠지만 [s]와 [z]를 발음할 때의 입모양은 같다.

좀 더 구체적으로 설명하면 [s]를 발음할 때는 혀 가운데 부분이 윗니 위의 윗잇몸과 접촉하기 직전에 멈춘 상태에서 그 틈 사이로 공기가 길게 쭉 빠져나오듯 소리 내면 된다. 그러면 혀끝이 아랫니 뒤에 살짝 붙는데, 이때 공기를 밖으로 내뿜으면서 [씨] 소리를 내면 된다. 그럼 다시 위의 단어들을 비교하며 정확히 읽어보자.

먼저 첫 번째 줄의 sin과 thin을 보자. 피자를 주문할 때 두툼한 도우가 싫은 경우 우리는 'thin pizza'를 주문한다. 그런데 이때 'thin'을 제대로 발음하지 않고 'sin pizza'라고 하는 경우가 매우 많다. 매우 놀라운 상황이다. 원하는 것은 '얇은(thin)' 피자인데 주문하는 것은 '죄(sin)' 피자이기 때문이다. '얇은'을 의미하는 'thin'은 첫 음절이 'th'로 시작하므로 반드시 번데기 발음 [θ]으로 소리 내야 한다는 것을 기억하라. 그래야 도우가 얇은 피자를 먹을 수 있다.

이제 두 번째 줄에 있는 seem과 theme를 보자. 1행의 두 단어가 단모음이었다면 2행의 두 단어는 이중모음과 장모음이다. 그런 만큼 좀 더 고민해서 읽어야 한다. seem은 첫 음절이 [s]이고, 모음이 'ee'이다. ee 이중모음에서 강조한 대로 단순히 [i:]로 길게 발음하는 것이 아니라 입술 양옆을 좌우로 당기듯 발음한다. 이 단어의 뜻인 '~처럼 보이다'라는 의미로 문장을 하나 만들어보았다.

My sons seem to be hungry all the time.
내 아들들은 항상 배가 고픈 것처럼 보인다.

그럼 이제 이 문장이 머릿속에 확실하게 남도록 반복해서 여러 번 읽어보자. 이와 함께 비교할 단어인 theme를 보면서 발음을 유추해보자. 첫 'th'는 당연히 지금 배우고 있는 번데기 발음 [θ]일 것이다. 그렇다면 뒤에 있는 모음은 어떻게 읽을까? 모음 e 파트의 '이중자음 e_e'에서 이 규칙을 배웠다. 정확히 기억나지 않는다면 다음 두 단어를 보며 다시 규칙을 떠올려보자.

Eve   Steve

이제 규칙이 생각나는가? 마지막 스펠링 e는 항상 묵음이라고 했으니 첫 번째 밑줄 친 두 철자 앞의 모음 e 소리를 정리해두면 된다. 이제 이 단어들을 다시 읽어보자.

theme

맞다. 이 단어는 [θiː m]이라고 발음하면 된다. 당신이 알고 있는 단어이기도 하다. '어? 나는 들어본 적 없는데?'라는 생각이 들 것이다. 왜냐하면 우리나라 사람들은 이 단어를 완전히 잘못 발음하고 있기 때문이다. 바로 '테마'다.

특정한 주제를 가지고 꾸며놓은 놀이공원을 우리는 보통 '테마파크'라 부른다. 이 단어의 정확한 발음은 [θiː m paː rk ; (θ)씨임 (p)파아r크]다. 스펠링만 보더라도 절대 '테마파크'라고 발음할 수 없다. 놀이공원으로 출발하기 전에 이 단어를 떠올리면 확실하게 기억에 남을 것이다.

theme
theme park

두 단어를 충분히 연습한 뒤 원어민의 발음으로 들어보자. 아울러 번데기 발음인 [θ]에 해당하는 단어들도 원어민의 발음으로 다시 한 번 들어보자. 첫 's' 발음과 'th' 발음의 차이를 구별할 수 있어야 한다.(QR)

돼지 꼬랑지 발음 [ð]

번데기 발음에 이은 'th'의 두 번째 발음은 [ð]로, 돼지 꼬랑지 발음이라고도 부른다. 중요한 것은, 번데기든 돼지 꼬랑지든 간에 'th' 발음은 많은 연습이 필요하다는 사실이다. 특히 지금 배울 돼지 꼬랑지 발음은 지금껏 해온 방식을 완전히 뒤집어야 할 만큼 잘못 발음해왔을 가능성이 높다.

'th'의 두 발음은 혀와 입모양이 동일하다. 차이점이라면 성대가 울리지 않는 부성음(번네기 발음 [θ])이나, 성대가 울리는 유성음(돼지 꼬랑지 발음 [ð])이냐 하는 것뿐이다. 수업을 해보면 이상하게 이 돼지 꼬랑지 발음에서 실수가 많이 나온다. 학창시절부터 지금까지 정확히 배운 적이 없어서다.

'the'의 발음이 크게 중요하지 않다고 말하는 사람도 있을 것이다. 그러나 이 돼지 꼬랑지 발음 [ð]은 굉장히 많이 나온다. [d]나 ㄷ 소리와 비슷하니 원어민이 웬만하면 알아듣고 이해해줄 거라 생각할 수 있는데, 그건 우리 생각이다. 미묘한 발음 차이로 전혀 의사소통이 되지 않는 경우가 꽤 많으니 가능하면 정확하게 해두어야 한다.

실제로 내가 뉴질랜드에 있을 때 한 중국인 친구가 "My bus is not coming." (제가 탈 버스가 오지 않고 있어요.)라고 말했더니 영국인 선생님이 의아하다는 표정으로 되물었다.

"Your birthday is not coming?"(네 생일이 오지 않는다고?)

이처럼 발음이 정확하지 않으면 의사소통에 문제가 일어나고, 그럴 때마다 학습자는 좌절을 겪을 수밖에 없다. 강조하건대, 중요하지 않은 발음과 규칙은 없다.

다시 본론으로 돌아와 돼지 꼬랑지 [ð] 발음은 앞에서 이야기한 것처럼 번데기 발음 [θ]과 혀와 입 모양이 같다. [θ] 발음을 복습하는 동시에 [ð]를 발음하는 방법을 살펴보자.

① 혀끝이 살짝 보이도록 입 밖으로 혀끝을 내민다.
② 그 상태에서 입 안쪽의 혀 몸통 부분을 윗니에 붙인다.
③ 그 상태로 공기를 내뿜으면서 [(으)ㄷ]라고 소리 내고 내민 혀끝을 입 안으로 쑥 잡아당긴다.

번데기 발음 [θ]과 돼지 꼬랑지 [ð] 발음에서 ①과 ②의 과정은 동일하다. 차이점은 번데기 발음을 할 때는 ③번에서 혀를 내민 상태로 'ㅆ' 발음을 하고, 돼지 꼬랑지 발음을 할 때는 ③번에서 혀를 내민 상태로 '(으)ㄷ' 발음을 한다는 것이다. [ð]는 유성음이기 때문이다.

이제 돼지 꼬랑지 발음 [ð]을 연습해볼 차례다. 자주 접했지만 잘못 발음했을 확률이 높은 단어들 중심으로 뽑았다. 방금 연습한 [ð]의 발음 방법을 떠올리며 정확히 소리 내고 원어민의 발음으로 들어보자.(QR)

this	father	they	then
이것	아빠	그들은	그때

발음하면서 'th'에 해당하는 부분에서 단순히 'ㄷ' 소리를 내고 있지는 않은지 체크해야 한다. 앞에서도 언급했지만 오랫동안 'ㄷ'으로 소리내온 만큼 이 발음은 많은 연습이 필요하다. 입과 혀 모양에 신경 쓰면서 반복해보자.

Thursday	mother	brother	weather
목요일	엄마	남자 형제	날씨
breathe	bathe	these	those
호흡하다	씻다	이것들	저것들

모두 돼지 꼬랑지 [ð] 발음이니 앞뒤 소리를 잘 유추하면서 읽어보자. 그런 다음 원어민의 발음을 들으며 확실하게 내 것으로 만들자. 모든 단어에서 반드시 혀가 나와야 한다.(QR)

마지막으로 단어 하나만 더 설명하고 돼지 꼬랑지 발음을 마무리한다.

smooth

우리 일상에서 자주 듣고 쓰는 단어다. 예를 들면 "그 사람은 운전을 참 smooth하게 해"라는 식이다. 이 단어의 마지막 음절 'th'는 번데기 발음 [θ]일까? 아니면 돼지 꼬랑지 발음 [ð]일까? 대부분의 사람들이 이 단어를 번데기 발음으로 [스무쓰]라고 읽는다. 하지만 이 단어는 놀랍게도 마지막 'th'가 돼지 꼬랑지 [ð] 발음이다. 즉 이 단어의 정확한 발음은 [smuː ð][스무우ː드]가 된다. 표기상 마지막 음절을 [-드]으로 했지만 'th'로 끝나므로 혀를 내밀며 돼지 꼬랑지 발음을 해야 한다. 이제 다음 문장에 포함된 단어들을 정확하게 읽으면서 'th'의 두 가지 발음을 정리해보자.

① 나는 날씨가 쌀쌀한 가을에는 leather 재킷을 자주 입는다.
② Catherine은 요가를 시작한 뒤로 명상을 많이 한다.
③ "Take a deep breath." 심호흡을 하세요.
④ 당신은 몇 시에 아기를 bathe 하나요?
⑤ 우리 집은 third층이다.

12

오~
의외로 머리를 아프게 하네

· 네 번째 모음 o ·

Hot 커피를 마시며 window를 내다보니 꽃들이 bloom하고 있다. 아이는 toe를 까딱거리며 동물에 관한 book을 읽고 있다. toad와 fox, crow 그리고 horse에 관한 설명을 한참 늘어놓더니 이제는 사자의 roar 소리를 내며 pose를 흉내 내고 있다. 첫째가 딸아이라 그런지 이렇게 노는 남자아이의 모습이 조금 낯설기도 하다. 목욕을 하고 나오면 soap이 아직 머리에 남아 있는 날도 있다. 그런데 아들, 엄마는 sports를 잘하는 남자가 이상형이야. 알고 있지? 멋있게만 자라줘.

5개의 모음 a, e, i, o, u 중 네번째 모음인 'o'에 관해 배울 순서다. 위의 단어들은 모두 모음 'o'를 포함하고 있다. 역시나 모음 'o'가 단모음인지, 다른 모음과 결합하며 새로운 소리를 만들어내는 이중모음인지에 따라 발음이 달라진다.

특히 'o'는 읽을 때 예상외로 실수가 많고 규칙을 배우는 과정에서 깜짝 놀라는 빈도가 많은 모음이다. 단어에 'o'가 들어 있을 경우 대부분 'ㅗ' 소리가 날 거라 생각하는데, 그렇지 않은 경우가 훨씬 많기 때문이다. 이번 챕터를 공부하며 그동안 많은 실수를 했다는 사실을 발견하게 될 것이다. 하지만 괜찮다. 우리는 지금 기초부터 차근차근 배우고 있는 중이니까 말이다. 지금부터 간단한 단모음 규칙을 시작으로 장모음, 이중모음까지 'o'에 대해 파헤쳐보자.

단모음 o

단어 속에 모음이 한 개만 존재할 때 그 모음을 '단모음'이라 한다고 앞에서 배웠다. jam, pen, spin 등과 같은 경우로, 이들 단어는 순서대로 단모음 a, 단모음 e, 단모음 i를 포함한다.

이제 단어 안에 모음이 o 하나인 단어를 가지고 '단모음 o'의 발음 규칙을 배울 것이다. 먼저 앞에 나온 단어들 중 fox를 발음해보자. 아이들 그림책에 굉장히 자주 등장하는 동물 친구인 여우를 어떻게 발음하는가? 첫 음절 f에 신경 쓰면서 [폭(f)스]라고 발음했다면 60% 정도 정확하게 읽었다. 그럼 이번에는 hot을 읽어보자. fox와 hot 모두 단모음 'o'가 들어 있고 다른 모음은 없으니 두 'o'의 소리는 같다.

두 개의 'o'를 같은 소리로 읽었는가? 'hot'을 [홑]이라고 발음하는 사람은 없을 것이다. 모두 [핫]이라고 읽는다. 두 단어를 통해 지금 당신은 '단모음 o'의 규칙을 알게 되었다. hot에서 모음 'o'를 어떻게 발음했는지 떠올려보면 된다. 맞다. 당신은 hot의 모음 'o'를 [ɑː ; 아아]로 읽었을 것이다.

이제 같은 규칙을 적용해서 fox를 다시 읽어보자. 예상대로 [폭⒡스]가 아니라 [fɑːks ; ⒡**파악**ː스]다.

정리하면, 단어 안에 'o'가 유일한 모음일 때 'o'는 [ㅗ]가 아니라 [ɑː ; 아아]로 발음한다. 굉장히 많이 하는 실수 중 하나이니 꼭 기억해두기 바란다. 단어 안에 모음이 'o' 하나면 이 규칙을 적용하면 된다. 아래 나오는 두 개의 단어를 더 읽어보자.

pot   jog

이제 눈치 챘을 것이다. 그동안 이 쉬운 단어를 잘못 읽어왔다는 사실을 말이다. 우선 첫 번째 단어인 pot의 경우 coffee pot으로 자주 들어보았을 것이다. '냄비, 항아리, (특정 목적의) 그릇'을 의미하는 데, [포트]는 틀린 발음이다. 이 단어의 정확한 발음은 [pɑːt ; **파아**ːt]다. 단모음 'o'를 [ɑː]로 읽는 동시에 여유 있게 발음해야 한다. 그럼 두 번째 단어인 jog는? jog 형태일 때는 물론 여기에 -ing가 붙어 jogging이 되어도 단모음 'o'는 같은 소리를 낸다.

앞에서 j 발음을 설명할 때 한글 'ㅈ' 소리가 아니라 입술을 있는 힘껏 내밀어 '쥐' 발음으로 해야 한다고 강조했다. 그렇다면 jogging은 어떻게 발음할까? [조깅]은 텅 빈 소리가 나므로 틀렸다. 첫 j 발음에서 입술을 힘껏 내밀며 [dʒɑː ɡɪŋ ; **좌아**ː깅]이라고 해야 맞다. 정리하면 'hot', 'pot', 'jog'처럼 단어에 모음이 'o' 하나라고 해도 무조건 'ㅗ'로 읽어서는 안 된다. 원어민의 발음으로 확인해보자.(QR)

좀 더 확실한 연습을 위해 같은 규칙이 적용되는 단어들을 몇 개 더 읽어
보자.

mop	lot	God	nod
대걸레	많음	신	끄덕이다
block	**ox**	**socks**	**pond**
사각형 덩어리	황소	양말	연못

단모음 'o'의 규칙에 신경 써서 발음했는가? 그렇다면 이번에는 원
어민의 발음으로 들어보자.(QR)

물론 다른 파닉스 규칙과 마찬가지로 단모음 'o'에도 예외는 있다. 영어 단어
에서 파닉스 규칙을 모두 적용할 경우 약 70~80%의 정확도로 단어를 읽을 수
있다. 나머지 20~30%가 예외라고 생각하면 된다. 단모음 'o'의 예외를 설명하
면, 완전한 예외까지는 아니고 두 개의 소리가 다 맞는다고 할 수 있다. 먼저 다
음에 나오는 단어들을 읽어보자.

dog	frog	cross	song	long
개	개구리	건너다	노래	긴

그런 다음 원어민의 발음으로 듣고 따라해보자.(QR)

이 단어들은 방금 익힌 단모음 'o'의 규칙을 적용하면 모두 [ɑː]로
발음해야 한다. 하지만 이 중 몇 개의 단어는 [ɑː] 발음으로 읽을 경우 조금 어
색하다. 그동안 [ɔː] 발음으로 들어온 탓이다. 앞에서 예로 든 fox와 pot은 여기
에 해당하지 않는다. 두 단어의 모음 'o'는 무조건 [ɑː] 발음이다. 하지만 이 단

어들은 단모음 'o'의 소리가 [a:]여도 맞고 [ɔ:]여도 맞다. 두 가지 소리 모두 가능하다는 말이다. 다만 이 [ɔ] 발음 표기는 앞에서 배운 것처럼 우리말의 [ㅗ]도 아니고 [ㅓ]도 아니기 때문에 정확한 연습이 필요하다. [ɔ] 발음은 특히 입 모양이 중요하다. 입술 모양을 [ɔ]로 만든 다음 아래턱을 뚝 떨어트린다는 느낌으로 입을 길게 벌린다. 이

상태로 혀뿌리를 목구멍에 붙인다는 생각으로 [어어] 발음을 해야 한다.

입모양을 이렇게 만든 상태에서 [ㅓ] 발음을 하기 때문에 듣기에 따라 [ㅗ]로 들리기도 하고 [ㅓ]로 들리기도 한다. 다시 말해 'o'는 우리말의 [ㅗ] 소리와 완전히 같지 않다. 설명에 유념하며 단모음 'o'의 규칙이 적용되지 않는 위의 단어들을 다시 한 번 읽어보자. [a:]와 [ɔ:] 두 가지 다 맞는다고 했으니 함께 연습해 보면 더욱 효과적이다. 마지막으로 다음 문장에 포함된 단어들을 읽어보며 단모음 'o'를 마무리하자.

① 영어에서 부정문을 말할 때는 'not'을 쓴다.
② 나는 코로나 시기에 새로운 취미로 jogging을 시작했다.
③ 대출 이자가 너무 많이 올라 two job을 가질까 생각 중이에요.
④ 집 앞 공원에는 작지만 아름다운 pond가 하나 있다.
⑤ 나는 blog를 운영하고 있다.

장모음 _o_e

'단모음 o'에 이어 이번엔 '장모음 o'에 관해 설명할 것이다. 장모음은 '모음 e' 가 마지막에 자리하고 그 두 칸 앞에 다른 모음이 존재하는 경우다. 복습 차원에 서 지금까지 배운 장모음을 가져오면 다음과 같다.

lame	kite	Steve
다리를 저는	연	남자 이름

지금쯤이면 이 단어들의 장모음 규칙이 바로 눈에 들어와야 한다. 아쉽게도 아직 눈에 들어오지 않는다면 알려준 요령대로 단어 내에서 모음의 위치를 빨리 파악하자.

la_me   ki_te   St_eve

영어 단어에서 마지막 철자가 'e'이면 예외 없이 묵음이라고 여러 번 강조했다. 소리는 나지 않지만 두 칸 앞에 있는 모음에 영향을 주어 그 소리를 결정하는 데 큰 역할을 한다고도 했다. 그래서 lame의 a, kite의 i, 그리고 Steve의 e는 다른 모음보다 좀 더 긴 장모음의 소리를 갖게 된다. 위의 단어들을 순서대로 읽으면 lame은 [leɪm]으로, kite는 [kaɪt]로, Steve는 [stiːv]로 소리 난다. 규칙을 정리해보면, 장모음 a_e에서 a는 [eɪ], i_e에서 i는 [aɪ], e_e에서 e는 [iː] 발음을 갖는다. [eɪ], [aɪ], [iː]로 세 개 모두 소리가 길다.

이제 우리는 새로운 장모음 규칙을 하나 더 배울 것이다. 그에 앞서 아름다운 장미 ‘rose’를 읽어볼 텐데, rose의 모음 두 개가 한눈에 들어와야 한다.

rose

모음 ‘o’를 읽을 때는 ‘단모음 o’와는 다르게 읽어야 한다. 하지만 많은 분들이 rose를 [로즈] 혹은 r 발음에 집중하여 [⒭로즈]라고 읽는다. 모음 o를 단순히 [ㅗ]로 발음하는 것이다. 하지만 이렇게 발음하면 장모음이 아니다. 장모음 o_e에서 o의 발음은 그냥 [ㅗ]가 아니라 길게 늘여서 [oʊ ; 오으]라고 발음해야 한다. 즉 장미는 [로⒭즈]가 아니라 [roʊz ; 로⒭으즈⒵]다. 이제 ‘장모음 o_e’의 규칙에 적용되는 단어들을 몇 개 더 읽어보자. 그런 다음 원어민의 발음으로 듣고 반복해서 따라해보자.(QR)

nose	home	hose	rope
코	집	호스	밧줄

단어들을 보는 순간 장모음 o_e가 한눈에 들어오는 동시에 마지막 스펠링 e는 발음하지 않는다는 원칙까지 떠올라야 한다. 여기서 포인트는, 긴소리를 갖는 모음 o를 [oʊ ; 오으]로 길게 발음하는 것이다. 위의 단어들을 읽을 때 ‘o’를 충분히 길게 발음했는가? 이제 포인트를 정확히 알았으니 모음 o에 유의하면서 여러 번 읽어보자.

여기까지 잘 따라왔다면 꼭 비교해서 알아두어야 할 규칙을 한 가지 더 설명한다. 먼저 다음의 단어들을 비교하며 읽고 원어민의 발음으로 들어보자.(QR)

not 아니다	note 노트
hop 깡충 뛰다	hope 희망하다

좌우 단어에서 모음 o의 역할은 다르다. 왼쪽에 있는 not과 hop에는 모음이 'o' 하나뿐이다. '단모음 o'의 규칙을 떠올리면 된다. 반면 오른쪽에 있는 note와 hope에는 두 개의 모음 o와 e가 자음을 중심으로 양쪽에 들어 있다. 여기서는 장모음 'o+자음+e'의 규칙을 적용해야 한다.

이제 단모음과 장모음 o의 규칙을 마지막으로 정리한다. 단모음 o는 단어 안에 모음이 o 하나뿐이며, 이때는 모음 o를 [ㅗ]가 아닌 [a: ; 아아]로 발음한다. 그에 비해 장모음 -o+자음+e로 단어가 끝날 경우 마지막 e는 묵음이다. 하지만 그 영향으로 두 칸 앞의 모음 o가 긴 소리를 가지며 [oʊ ; ㅗㅜ]라고 발음한다. 다음 문장에 있는 단어들을 읽으면서 장모음 규칙을 마무리하자.

① 그 사람은 심각한 상황에서도 joke를 너무 많이 해.

② 사진 찍어줄 테니 저기 서서 pose를 취해봐.

③ 해외여행 중 콜라라고 하니 알아듣지 못하고 coke라고 하니 알아듣더군요.

④ 남편과 차를 타고 가던 중 stone이 앞유리에 맞아 금이 갔다.

⑤ 이탈리아의 Rome은 파리 못지않게 아름다웠다.

이중모음 -oa, -oe, -ow

이번에는 모음 o에 다른 모음이 결합되어 있는 이중모음을 살펴볼 것이다. 자음 다음에 오는 o+a, o+e, o+w의 이중모음, 즉 -oa, -oe, -ow이다. 수업을 하다 보면 다른 이중모음들에 비해 o로 시작하는 이들 이중모음을 읽을 때 실수가 많다. 특히 -oa와 -oe가 그렇다. 이유를 생각해보면 -ow는 대표 모음 소리로 읽어도 원래 소리와 들어맞기 때문에 크게 어려움이 없는데, -oa나 -oe는 그렇지 않아서인 것으로 보인다. 이중모음에서 o 다음에 오는 a와 e의 발음은 의외의 소리를 내기 때문이다. 쉬운 -ow부터 먼저 살펴보자.

window	snow	low
창문	눈	낮은

위 단어들의 마지막 -ow를 모두 [-ㅗㅜ]로 발음했을 것이다. -ow는 [oʊ]로 발음하면 된다. 그러나 정확한 발음은 [-ㅗㅜ]가 아니라 [-ㅗㅡ]가 맞다([ʊ]=[으의]). 참고로 영국식 영어에서는 -ow를 [əʊ; ㅓㅡ]로 발음하기도 한다. 그럼 -oa와 -oe는? 아래 단어들에서 이 부분을 어떻게 발음하는지 먼저 살펴보자.

boat	toad	coat
보트	두꺼비	코트
toe	doe	hoe
발가락	(토끼, 사슴의) 암컷	괭이

+ [ʊ] 발음에 대한 자세한 설명은 다음 챕터 '-oo-'에서 다룰 것이다.

많은 사람들이 boat를 [보트]로 발음한다. 하지만 단어 내에서 모음을 찾아보면 boat, 즉 -oa-가 보인다. 이중모음이다. 그러므로 소리가 길어지는 게 정상이다. boat의 발음은 [보트]가 아니라 [boʊt ; **보으**t]가 된다. boat의 -oa-를 길고 정확하게 [oʊ; ㅗ_]로 발음해야 맞다. toe도 마찬가지다. 발레복에 토슈즈를 신은 아이들의 모습은 말 그대로 천사 같다. 여기서 toe에도 이중모음 -oe가 있으므로 길게 [toʊ; 토으] 슈즈로 발음해야 한다.

눈치 챘는지 모르겠지만 window, boat, toe의 이중모음 -ow, -oa, -oe 모두 [oʊ; ㅗ_] 소리가 난다. [əʊ; ㅓ_]도 맞다(영국식 영어). -ow뿐만 아니라 세 이중모음의 발음이 모두 같다. 이 규칙을 염두에 두고 앞의 단어들을 다시 한 번 읽어보자. 그런 다음 원어민의 발음을 듣고 따라해보자.(QR)

이제 규칙을 정리한다. 이중모음 (자음)+oa, oe, ow에서 이중모음 -oa, -oe, -ow는 [oʊ; ㅗ_]로 모두 같은 소리가 난다. 이 중 -oa, -oe는 실수가 많은 만큼 신경 써서 발음해야 한다.

마지막으로 다음에 나오는 단어들을 읽으면서 이중모음 -oa, -oe, -ow의 규칙을 완전히 내 것으로 만들자. 그런 다음 원어민의 발음을 듣고 반복해서 따라해보자.(QR)

soap 비누	**goal** 목표	**goat** 염소	**toast** 건배하다
foe 적	**oboe** 오보에	**toe** 발가락	**doe** 암컷
pillow 배게	**crow** 까마귀	**arrow** 화살	**own** 자신의

그런데 -ow의 규칙에는 예외가 있다. 먼저 다음 단어들을 살펴보자.

now
지금

down
아래로

how
어떻게

이들 단어에서 -ow는 배운 대로 [oʊ]로 발음되지 않는다. 그럼 어떻게 발음
될까? [naʊ], [daʊn], [haʊ]로, 모두 [aʊ; ㅏㅜ] 발음이 난다. 앞에서 배운 [oʊ]가
아닌데, 안타깝게도 -ow가 언제 [oʊ]로 발음되고 언제 [aʊ]로 발음되는지 정해
진 규칙은 없다. 그러니 모르는 단어에 -ow가 들어 있을 때는 그 부분의 발음이
[oʊ]인지 [aʊ]인지 확인한 뒤에 소리 내야 한다. 영어에서는 이처럼 같은 스펠
링으로 두 가지 소리, 심지어 세 가지 이상의 소리를 가지는 경우가 종종 있다.
-ow가 [aʊ]로 발음되는 단어들을 몇 개 더 살펴보자. 그런 다음 원어
민의 발음을 듣고 반복해서 따라해보자.(QR)

gown
가운

brown
갈색

town
마을

cow
소

이중모음 -oo

이번에는 모음 o가 이중으로 붙어 있는 이중모음 -oo에 대해 설명하려고 한
다. 많은 분들이 이중모음 -oo의 발음은 잘 알고 있다고 생각해서 수업 중에 질
문하면 자신 있게 [u ; 우]라고 대답한다. 맞다. 하지만 백 퍼센트 맞는 것은 아
니다. 이중모음 -oo는 두 개의 소리를 갖기 때문이다.

book	good	room
책	좋은	방

먼저 첫 번째 발음은 book, good처럼 [ʊ] 발음이다. 많은 단어들이 이에 해당한다. 이중모음 -oo와 입 모양에 주의하여 다음에 나오는 단어들을 읽어보자.

look	hood	cook	wood
보다	후드	요리하다	나무

-oo 부분에서 입술이 앞으로 동그랗게 튀어나왔다면 정확하게 발음한 것이 아니다. [ʊ] 발음은 [u ; ㅜ]와 미묘하게 다르기 때문이다. [ʊ]는 [u ; ㅜ]를 발음하는 것처럼 입술이 앞으로 튀어나오는 소리가 아니라 입술에 힘을 빼고 내는 소리다. [ㅜ]라는 생각을 머릿속에서 지우고 [으의]에 가깝게 발음해야 맞다. 실제로 원어민들은 book을 [북]이 아니라 [브윽]이라고 발음한다.

wood를 가지고 다시 한 번 살펴보면 대부분의 사람들은 이를 [우드]라고 읽는다. wood의 발음 기호는 [wʊd]이다. 그러므로 [w]를 [우]처럼 발음하되 바로 뒤에 따라오는 모음 소리와 연결 지으면 된다. [ʊ] 발음은 [으의]에 가깝다고 설명했으니 이 두 소리를 연결해서 발음하면 [wʊ-]는 [우으으-]가 된다. 전체 발음을 해보면 [wʊd]이니 [우으읃]가 된다.

정리하면, [ʊ] 발음은 [u ; ㅜ]와 같지 않으며, 입술에 힘을 빼고 자연스럽게 [ʊ ; 으의]로 발음한다. 이 규칙을 적용하여 앞의 단어들을 다시 한 번 읽어보자. 그런 다음 원어민의 발음을 듣고 반복해서 따라해보자.(QR)

이제 이중모음 -oo의 두 번째 발음이다. 앞 페이지의 book과 good은 -oo가 [ʊ] 발음이지만, 세 번째 단어 room은 다르다.

room	spoon	tool	goose
방	숟가락	연장	거위

이들 단어의 -oo가 우리가 알고 있는 이중모음 -oo의 소리인 [u ; ㅜ]다. 좀 더 정확히 말하면 [u:]라서 [우우]로 길게 발음해야 한다. 수업 중 이 부분을 설명할 때 나는 한글의 '우'를 하듯 입술을 앞으로 내밀며 동그랗게 만들어 길게 발음하라고 한다. 이 부분에 신경 써서 앞의 단어들을 다시 한 번 발음해본 뒤 원어민의 발음을 듣고 반복해서 연습해보자.(QR)

충분히 연습했다면 같은 규칙의 단어들을 좀 더 읽어보자.

pool	zoom	bamboo	noon
수영장	줌	대나무	정오

food	roof	too	bloom
음식	지붕	~도 또한	꽃을 피우다

단어들을 읽을 때 이중모음 -oo의 발음뿐 아니라 앞뒤의 자음 소리까지 정확히 발음하면 더 좋다. 특히 -oo가 [u:] 발음인 경우 앞뒤 자음이 까다로운 발음을 가진 단어가 많으므로 신경 써야 한다. bamboo처럼 2음절 이상의 단어를 연습할 때는 강세까지 체크하면서 해보자.(QR)

이중모음 -or-

지금부터는 이중모음 -or에 대해 설명하려고 한다. -or 역시 발음이 두 가지로 난다. 그 기준은 위치로, -or이 어디에 위치하는지에 따라 발음이 달라진다. 단어의 마지막이 -or로 끝날 때의 발음에 관해서는 앞에서 이미 설명했다. 매우 중요한 부분이니 정확히 기억나지 않는 분들은 반드시 복습하고 오기 바란다. 여기서는 -or-이 단어 중간에 위치하는 경우를 설명할 것이다. 예상했겠지만 -or-이 단어 끝에 위치하는 첫 번째 규칙(예: doctor, tailor)과는 조금 다른 소리가 난다. 먼저 -or- 부분에 주의하여 다음 단어들을 읽어보자.

corn	pork	more
옥수수	돼지고기	더 많이

세 단어 모두 중간에 -or-이 있다. 모음 o가 반모음 성질을 가진 자음 r과 결합되어 [ɔːr] 발음이 된다. '단모음 o'에서 [ɔ] 발음에 관해 배웠던 기억이 나는가? [ɔ]는 아래턱을 뚝 떨어트린다는 느낌으로 입을 길게 벌린 상태로 혀뿌리를 목구멍에 붙인다는 느낌으로 [ㅓ]로 발음한다고 설명했다. 입 모양을 [ɔ]처럼 만들어 [ㅓ] 발음을 하기 때문에 듣기에 따라 [ㅗ]로 들리기도 하고 [ㅓ]로 들리기도 한다. 중요한 것은 [ɔ]는 [ㅗ] 소리가 아니라는 점이었다.

하지만 -or-의 [ɔːr] 발음은 조금 다르다. 단순히 [ɔ]에 [r]을 이어서 발음한다고 쉽게 생각해서는 안 된다. [ɔːr]은 입술이 앞으로 튀어나오며 [ou ; ㅗㅜ]로 소리 나는 발음이다. 그 부분이 발음 기호의 [ɔː]에 해당한다고 생각하면 쉽다. [ou]로 길게 발음하면서 [r]로 마무리하면 된다. 정리하자면 [ɔːr] 발음은 '오'

발음의 입술 모양으로 시작해서 [오우r]로 끝난다. 이때 -or에 강세가 있다면 [오]를 강조하면 된다. 단어의 마지막이 -ore로 끝나는 단어도 동일한 발음 규칙이 적용된다. 앞의 단어들을 포함하여 -or-이 들어가는 단어들을 몇 개 더 읽어보자.

corn	pork	more	sports
옥수수	돼지고기	더 많이	스포츠
sort	short	horse	born
종류	짧은	말	태어나다

발음도 중요하지만 이 단어들을 읽을 때는 모음 -or-을 한 개의 덩어리로 인식하는 것이 중요하다. 두 가지를 모두 신경 쓰면서 원어민의 발음을 들어보자.(QR)

지금까지 단어 중간에 '-or-'이 들어 있을 경우 [ɔːr]로 발음된다는 규칙, 그리고 그 발음을 하는 방법에 대해 설명했다. 그런데 모음 o가 포함된 이중모음 가운데 이와 동일한 발음을 가지는 이중모음 스펠링이 있다. 역시나 쉽게 넘어갈 리가 없다. 그중 실수가 잦은 몇 가지만 익히고 넘어가자.

아이들에게 영어 그림책을 읽어줄 때 동물의 울음 또는 포효 소리를 나타내는 의성어로 많이 등장하는 roar라는 단어가 있다. 이 단어의 모음 덩어리는 '-oar'이며, 발음도 위와 같이 [ɔːr]로 한다. 그래서 '(사자 같은 큰 짐승이) 으르렁거리다, 포효하다'의 뜻을 가진 이 단어의 정확한 발음은 [rɔːr]이 된다. 다음에 나오는 몇 개의 단어를 더 연습해보자.

oar	roar	coarse
노	으르렁거리다	거친

또 [ɔːr]와 같은 발음을 갖는 이중모음 중에 '-oor'과 '-our'도 있다. 예를 들면 다 아는 것 같지만 은근히 발음 실수가 많은 단어인 'poor'(가난한)가 그렇다. 많은 사람들이 이 단어를 [푸어]라고 읽는다. 국어사전에 등재되어 있는 외래어 가운데 '하우스 푸어'와 '카 푸어'가 있다. 무리하게 집과 자동차를 구입했지만 과도한 대출로 인해 빈곤하게 사는 사람들을 가리키는 말로 'house poor'와 'car poor'를 한글로 표기한 것이다.

문제는 영어를 읽고 말할 때 이 외래어 표기대로 발음하는 경우다. '-oor'는 [ɔːr] 발음이 나므로 poor는 [pɔːr]라고 소리 내야 한다. 마찬가지로 이중모음 '-our'도 같은 발음이 나기 때문에 '(무언가를) 붓다, 막 쏟아지다'의 뜻을 가진 pour는 [pɔːr]로 발음한다. 이처럼 뜻도 다르고 스펠링도 전혀 다르지만 모음 o를 포함한 몇 개의 단어들은 발음이 같다. 이에 해당하는 단어들을 더 살펴보자.

poor	pour	pore
가난한	붓다	구멍

같은 이유로 다음 두 단어도 발음이 동일하다. 원어민의 발음을 들으며 이 규칙들을 정확히 익히자.(QR)

for	four

모음 o의 규칙을 잘 정리하면서 다시 읽어보고 발음을 기억해두라. 5개의 모음 가운데 'o'가 우리를 가장 힘들게 하기 때문이다. 원어민의 발음을 충분히 듣고 내 것으로 만들어야 완성이다.

이제 아래 문장에 포함된 단어들을 정확하게 읽으며 마무리하자.

① 내가 자주 가는 카페의 봄 시즌 메뉴는 cherry bloom drink이다.

② 그녀는 경기에서 dark horse로 떠오른 선수에게 패배했다.

③ 장맛비가 마치 양동이로 물을 들이붓듯 pour하고 있다.

④ 와인 cork가 펑 소리를 내며 빠졌다.

⑤ 저는 House poor라서 화장실만 제 거예요.

13

전 어렸을 때
'제트'라고 배웠는데요?

수업하면서 엄마들이 정말 어려워하고 제대로 발음하기까지 꽤 많은 시간이 소요되는 발음이 있다. 바로 [z]이다. [z] 발음 수업을 시작할 때면 나는 항상 이 일화를 들려준다.

뉴질랜드의 오클랜드에서 지내던 시절, 나는 홈스테이를 했다. 나의 'host mother'이었던 주인아주머니가 어느 날 내게 오후 일정을 물어왔다. 수업 후 친구들과 동물원에 가기로 했기에 "I'm going to the zoo this afternoon"이라고 대답했다. 그 말에 아주머니는 이해하지 못했다는 표정으로 계속 "어디? [주]?" 하고 물었다.

당시만 해도 외국 생활을 한 지 얼마 되지 않았던 터라 무엇이 문제인지 전혀 몰랐다. 미래시제를 will로 바꿔보기도 하고 'zoo'를 이렇게 저렇게 발음해보기도 했지만 아주머니는 여전히 알아듣지 못했다. 결국 내가 "You know, animals live there(왜, 동물이 거기 살잖아)."라고 하면서 신문 한 켠에 zoo라고 쓴 뒤에야 그녀는 알았다는 듯 밝은 표정을 지으며 말했다.

"Oh, zoo~!"

문제는 내가 발음한 zoo와 그녀가 발음한 zoo가 전혀 다른 소리였다는 데 있었다. 나 역시 그때까지만 해도 [z] 발음이 한글 'ㅈ'을 입술을 내밀면서 하면 되는 줄 알았다. 재미있게도 수업 중 zoo를 발음할 때 보면 한 명도 빠짐없이 당시 나처럼 발음한다. 그럼 지금부터 [z]의 정확한 발음법을 설명한다.

① 혀끝을 아랫니 뒷부분에 살짝 붙인다. 이것이 시작이다.
② 이 상태로 입술을 옆으로 살짝 벌린다. 이때 입술은 절대 앞으로 튀어나오지 않는다.

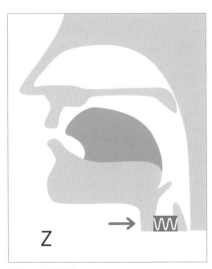

[z] sound 혀 위치

[z] 입술 앞 모습

틀린 예

[z] 발음의 핵심은 ②에서 콧소리를 목까지 울리도록 하면서 입 안의 공기를 밖으로 밀어내는 데 있다. 많은 분들이 이렇게 하는 것을 어려워하는데, 코와 목을 함께 울려서 소리 내야 정확한 [z] 발음이 된다.

[z] 발음을 제대로 하고 있는지 확인할 수 있는 단어가 있다. 바로 buzz[bʌz]다. '(벌이나 벌레 등이) 윙윙거리다'라는 뜻을 가진 이 단어를 발음하며 마지막 [z]를 [bʌzzzzzzz]로 길게 소리 내보면 된다. 이 마지막 소리가 [zzzzzzz]로 나면 정확히 발음했다는 의미이고, 그냥 [즈]로 끝났다면 더 많은 연습이 필요하다는 뜻이다. 생각처럼 안 되면 목에 손을 갖다 대보라. [z] 발음은 성대가 울리는 유성음이라서 손을 목에 갖다 댔을 때 성대가 계속 울려야 한다. 다음에 나오는 단어들을 읽으며 더 연습해보자.

zoo	buzz	zero	zone
동물원	윙윙거리다	영(0)	지역
zebra	Tuesday	pose	fuzzy
얼룩말	화요일	포즈	솜털이 보송한

스펠링에 'z'가 들어 있지 않아도 Tuesday와 pose는 스펠링 's'에 해당하는 발음이 [z]로 난다. 이런 경우가 꽤 많으니 철자에 's'가 있다고 해서 무조건 [s]로만 읽는다는 생각은 버려라. 특히 [z] 발음은 꽤나 까다로운 발음 중 하나인 만큼 많은 연습이 필요하다. 충분히 연습했다면 이번에는 원어민의 발음을 들어보고 반복해서 따라해보자.(QR)

14

같은 스펠링을
왜 자꾸 다르게 발음하는 거죠?

"선생님, city와 camping의 'c' 소리가 다른데 왜 그런가요? 그 외에 다른 소리도 있나요?"

"체육관 gym을 'ㅈ'으로 발음하면 되나요? 그런데 'g'는 'ㄱ' 소리로 나는 거 아닌가요?"

"c는 언제 발음이 달라지나요? g는 언제 다르게 발음해요?"

수업 중에 엄마들에게 많이 받는 질문이다. 이번 챕터에서는 이 질문들을 되새기며 알파벳 c와 g가 각각 어떤 발음을 갖고 있는지, 어떤 경우에 소리가 달라지는지를 설명하려고 한다. c와 g는 굉장히 비슷한 특징을 갖지만 다른 발음을 낸다. 먼저 c를 살펴보자.

우리 city에서 camping할까요?

날씨가 cloudy했던 어느 날, 우리는 뉴욕 Central Park에 놀러갔다. 공원에서는 많은 사람들이 즐거운 표정으로 cycle을 타고 있었다. curly hair를 한 여인은 잔디에 누워 comic book을 읽고 있었다. 친구와 시간을 보내다 얼마 전 개봉한 영화를 보기 위해 cinema에 가려는 순간 credit card를 집에 놓고 왔다는 사실을 깨달았다. 친구에게 이야기하니 cynical하게 "너는 항상 그러더라"라고 말해서 기분이 상했다.

위의 단어들 중 c가 포함된 단어들의 발음을 노트에 정리해보자. 단어마다 c에 해당하는 발음이 무엇인지를 적으면 된다. 몇 가지 소리가 존재하는가? 맞다. 두 가지다. cloudy, curly, comic, credit, card에서는 'ㅋ [k]' 발음이 나고, central, cinema, cynical에서는 'ㅅ [s]' 발음이 난다. 그리고 cycle, cynical에서는 두 개의 소리가 다 나는데, 첫 번째 c는 [s], 두 번째 c는 [k]로 다른 발음이 난다. 그렇다면 c는 왜 이처럼 중구난방으로 소리 나는 걸까?

중구난방으로 보일 수 있지만 사실 c의 입장에서는 규칙에 따라 발음을 내고 있다. 결론 먼저 말하면 c는 바로 뒤에 오는 모음의 종류에 따라 소리가 달라진다. 정확한 규칙은 다음과 같다.

> c + (모음) a, o, u / c + 자음(l, r) 일 때 → c는 [k ; ㅋ] 발음
> c + (모음) e, i, y 일 때 → c는 [s ; ㅅ] 발음

다시 말해 c는 바로 다음에 오는 스펠링에 따라 소리가 결정된다. 이 중 [k] 발음이 되는 경우를 보면, 위의 단어들 중 card는 c 다음에 a가 오고, comic은 c 다음에 o가 오며, curly는 c 다음에 모음 u가 온다. 그래서 모두 c가 [k]로 소리 났다. cloudy와 credit의 경우 c 다음에 모음이 아닌 자음 l, r이 와서 이중자음이 되는데, 이때 c는 무조건 [k]로 소리 난다. 반면 central은 c 다음에 모음 e가 오고, cinema는 c 다음에 i, 그리고 cynical은 c 다음에 y가 오면서 모두 [s] 발음이 되었다.

파닉스 가운데 이렇게 예외 없이 똑 떨어지는 규칙은 드물다. C는 예외가 많지 않고 대부분 규칙대로 발음되는 편이다. 즉 기본 규칙을 잘 이해하고 있으면 크게 어렵지 않다는 뜻이다.

여기까지 설명하면 꼭 이런 질문이 나온다.

"그럼 c 다음에 오는 모음을 다 외우고 그에 따른 소리를 모두 기억하면 되지요?"

정답부터 말하면 아니다. 외울 필요가 없다. 규칙을 외운다고 모르는 단어를 봤을 때 이를 떠올리며 발음하는 건 힘들기 때문이다. 그보다는 그 규칙이 적용된 단어들을 많이 읽어보는 것이 더 효율적이다. 내가 수업 중에 많이 쓰는 방법이기도 하다. 같은 규칙의 단어들을 많이 읽어보고 연습하다 보면 모르는 단어를 읽을 때 저절로 규칙이 적용된다. 다음에 나오는 단어들을 읽어보자. 예로 든 단어들은 모두 [k ; ㅋ] 발음이 난다.

c + 모음 a

cart	carrot	careful	casual
카트	당근	조심하는	평상시의

c + 모음 o			
color 색깔	collection 수집	consult 상담하다	cookie 쿠키

c + 모음 u			
cut 자르다	cushion 쿠션	cuckoo 뻐꾸기(ck=k로 발음)	culture 문화

c + 자음 l, r			
classic 고전	clock 시계	cream 크림	crush 강렬한 사랑

c 다음에 모음 a, o, u가 올 때, c 다음에 자음이 올 때(l, r)는 무조건 [k] 발음이라고 했다. 이 규칙을 유념하며 읽어본 뒤 원어민의 발음을 들으며 반복해서 따라해보자.(QR)

이번에는 c의 두 번째 발음인 [s ; ㅅ] 소리가 나는 경우다. 마찬가지로 c 다음에 어떤 모음이 올 때 [s] 발음이 나는지를 눈여겨보며 소리 내어 크게 읽어보자.

c + 모음 e			
censor 검열하다	cellphone 핸드폰	cereal 시리얼	centimeter 센티미터

c + 모음 i			
city 도시	cigarette 담배	cider 사이다	cinnamon 계피

cyber	cycle	cynical	cylinder
컴퓨터의	자전거	냉소적인	원통

이 중 cider는 우리가 자주 마시는 탄산음료 중 하나인 '사이다'이다. 하지만 '사이다'는 콩글리시이고 정확한 발음은 ['saɪdə(r) ; 싸이더r]이다. 원어민의 발음으로 단어들을 정확하게 들어보자.(QR)

이제 예외가 나올 시간이다. 많지는 않지만 여기에도 당연히 예외가 있다.

cello	Czech	soccer
['tʃɛloʊ ; 췔로우] 첼로	['tʃɛk ; 췍] 체코의	[ˈsɑːkə(r) ; 싸아커(r)] 축구

규칙대로라면 cello는 c+e이므로 [s] 발음이 나야 하지만 이 단어는 특이하게 [tʃ ; 추] 발음이 난다. '체코 사람'을 의미하는 Czech 역시 c+자음으로 원래는 [k] 발음이 되어야 맞지만 예외로 [tʃ ; 추] 소리를 낸다. 마지막 단어인 soccer도 c+e이지만 [s]가 아닌 [k] 발음이 난다. 이 예외들을 기억하며 원어민의 발음으로 들어보고 다음 문장에 나오는 단어들을 읽으면서 c의 발음을 마무리하자.(QR)

① 이 도로는 coast를 따라 흩어져 살고 있는 마을의 사람들이 주로 이용한다.

② 영화에서 그 배우는 계속 입에 cigar를 물고 있었다.

③ 딸은 'The Very Hungry Caterpillar' 그림책을 좋아했다.

④ classic music은 콩글리시고, classical music이 맞는 영어 표현이다.

⑤ Central Park에서 가장 가까운 호텔이 어디라고 했죠?

gym에서 gold가 발견되었다고요?

g와 c는 전혀 다른 소리를 두 개씩 가지고 있지만 소리를 내는 기작은 매우 흡사하다. 방금 배운 c와 마찬가지로 g도 뒤에 오는 모음의 종류와 자음에 따라 발음이 정해진다.

> 오랜만에 친구 Ginny를 만나기로 했다. 예쁜 lip gloss를 바르고 온 친구와 가을을 만끽하기 위해 garden으로 go했다. 산책 중 다리가 아파 grape맛이 나는 gelato를 먹었다. 그러고 나서 내가 다니는 gym에 가서 함께 운동을 하기로 했다. Ginny는 오늘만 guest로 티켓을 끊어 함께 들어갔다.

c에서 했던 것처럼 위 단어들에 포함된 'g'의 발음을 노트에 정리해보자. 단어마다 g에 해당하는 발음이 무엇인지를 적으면 된다. 몇 가지 소리가 존재하는가? 맞다. 이번에도 두 가지다. 첫 번째는 [g ; ㄱ] 발음이고, 두 번째는 [ʤ ; 쥐] 발음이다. 분류하면 garden, gloss, grape, go, guest에서는 [ㄱ][g] 발음이 나고, Ginny, gelato, gym에서는 [쥐][ʤ] 소리가 난다.

'g'도 'c'처럼 바로 뒤에 어떤 철자가 오는지 살펴야 한다. 'g' 뒤에 어떤 모음이 오는지에 따라 발음이 달라지고, 'g' 뒤에 모음이 아닌 자음(l 혹은 r, h)에 의해서도 소리가 정해지기 때문이다. 정확한 규칙은 다음과 같다.

> g + (모음) a, o, u / g + 자음(l, h, r) 일 때 → g는 [g ; ㄱ] 발음
> g + (모음) e, i, y 일 때 → g는 [ʤ ; 쥐] 발음

이 원칙대로 위 단어들을 대입해서 살펴보면 'g'의 발음이 이 규칙을 따른다는 것을 알 수 있다. garden, go, guest, grape, gloss는 'g'+ a, o, u, r, l이므로 첫 번째 소리인 [g ; ㄱ] 발음이 난다. gelato, Ginny(이름의 첫 철자는 무조건 대문자), gym은 'g'+ e, i , y이므로 [dʒ ; 쥐] 발음이 난다.

앞에서 설명한 대로 이 규칙도 'g' 다음에 오는 모음의 종류와 그에 해당하는 발음을 외우면서 공부할 필요가 없다. 그보다는 많은 단어를 같은 그룹으로 묶어 읽는 연습을 하는 것이 더 효율적이다.

두 개의 발음 중에서 첫 번째 발음인 [g ; ㄱ] 발음을 먼저 살펴보자. [g] 발음은 우리말의 [ㄱ] 소리와 매우 비슷하다. 다만 좀 더 딱딱한 소리를 내야 하는데, 나는 수업 중 이 발음을 할 때는 목에 힘을 더 주라고 말한다. 목에 힘을 주고 목구멍 깊은 곳에서 소리를 끌어올리면 [g] 발음이 된다.

g + 모음 a			
gap 틈	garlic 마늘	gamble 도박	gain 얻다

g + 모음 o			
golf 골프	goal 목표	gossip 험담	Google 구글

g + 모음 u			
guess 추측하다	guitar 기타	guide 안내하다	guinea pig 기니 피그

이 중 세 번째 규칙 'g'+모음 u에서 -ue, -ui처럼 이중모음과 연결되는 단어가 나올 때 많은 분들이 어려워한다. 간단히 설명하면 g+u로 시작하는 이중모음 단어를 읽을 때 u는 존재하지만 소리는 내지 않는다. 이게 또 무슨 소린가 싶을 것이다. 예를 들면 guest와 guess는 모두 g+ue--로 구성되어 있다. 'g'+u이므로 규칙에 따라 'g'는 [g ; ㄱ]으로 발음된다. 하지만 g+ue라는 이중모음이기 때문에 u는 발음하지 않고 g가 u 뒤에 있는 e와 합쳐져 [ge- ; 게] 발음이 된다. 그래서 guest의 발음은 [gest ; 게에스트]이고, guess의 발음은 [ges ; 게에스]가 된다. guess처럼 같은 자음이 이중으로 -ss 일 때는 한 번만 발음한다고 앞에서 설명했다.

마찬가지로 guitar와 guinea를 읽을 때도 'g'는 u로 인해 [g ; ㄱ] 소리가 나지만 발음은 ui의 이중모음으로 u 뒤에 있는 i와 만난다. 그래서 guitar는 [gɪˈtɑːr ; 기타아r]로, guinea는 [ˈgɪni ; 기니]로 발음된다. 참고로 이 규칙은 'g'+u로 시작하는 이중모음일 때만 적용된다. g+ui, ue 등 이중모음일 때 'g'는 바로 뒤의 모음 u에 의해 [g ; ㄱ] 소리를 가지지만 발음은 u 뒤에 있는 i, e 와 합쳐져 소리낸다.

guide의 경우 u 뒤에 있는 i뿐 아니라 guide의 장모음 규칙이 눈에 들어와야 한다. 그래서 발음은 [gaɪd ; 가아잇]가 된다. 'i_e'의 장모음 규칙이 정확히 기억나지 않는다면 앞으로 돌아가 반드시 복습하고 오길 바란다. 여기까지 이해했다면 이제 원어민의 발음으로 정확하게 듣고 반복해서 따라해 보자.(QR)

또한 'g+자음'인 경우 g는 [g] 발음을 갖는다. 이런 이중자음의 경우에도 무조건 [g]로 발음한다.

glad	gloomy	ghost	grade	grill
기쁜	우울한	유령	학년, 성적	굽다

이 단어들 모두 'g'가 [g ; ㄱ] 발음이 난다. 소리내어 충분히 읽어본 뒤 원어민의 발음을 듣고 반복해서 따라해보자.(QR)

이제 'g'의 두 번째 발음인 [dʒ ; 쥐]다. 이 발음은 입술을 힘껏 앞으로 내밀며 동그랗게 튀어나온 상태에서 'ㅈ'이 아니라 '(으)쥐'라고 발음해야 한다고 했다. 'g'가 모음 e, i, y와 만나면 'g'는 [dʒ] 발음이 난다. 각각의 경우들을 살펴보자.

g + 모음 e

gender	genius	gentleman	gesture
성별	천재	신사	몸짓

g + 모음 i

giant	giraffe	fragile	ginger
거인	기린	깨지기 쉬운	생강

g + 반모음 성질의 y

gym	gymnast	gypsy	gyrate
체육관	체조 선수	집시	빙빙 돌다

g 부분에 유의하여 발음을 유추하며 읽어보자. 수업 중에 보면 많은 분들이 'g'의 첫 번째 발음인 [g]보다 두 번째 발음인 [dʒ]를 연습할 때 더 어려워한다. 입술을 쭉 내밀며 발음하는 것에 대한 부끄러움과 기존에 알고 있던 소리와 다르게 내야 한다는 부담이 더해져서인 것 같다. 이 중 두 가지만 예로 들어 설명한다.

먼저 '기린'을 의미하는 giraffe이다. 영어 그림책에 굉장히 자주 등장하는 동물인데, 의외로 엄마들이 이 발음을 자신 없어 한다. giraffe의 경우 첫 음절 g가 모음 i와 만나면서 [dʒə] 발음이 된다. 철자 i는 [ɪ]가 아니라 [ə; ㅓ] 발음이다. 뒤에 있는 음절들까지 모두 발음하면 [dʒəˈræf]이고, 강세는 두 번째 음절에 위치한다. 그러므로 [쥐래(r)프(f)]가 된다.

두 번째 단어는 fragile이다. 생소하게 느낄 수 있는데, 사실 우리는 이 단어를 일상에서 어렵지 않게 발견할 수 있다. 하루 중 우리가 가장 기다리는 사람은? 바로 택배 기사님이다. 택배 기사님이 전해주는 상자에 종종 붉은색으로 'Fragile'이라고 쓰여 있는 것을 발견할 수 있다. '손상되기 쉬운'이란 뜻으로 '파손 주의'의 의미로 이해하면 된다. 어쨌든 두 번째 음절의 '-gile' 발음만 알고 있으면 이 단어의 발음을 유추하는 것은 그리 어렵지 않다. 모음 g와 i가 만나서 'g'는 [dʒ] 발음이 나지만 이때 모음 i는 소리를 내지 않는다. 그래서 이 단어는 [ˈfrædʒl ; (f)프래(r)주을]로 읽는다. 소리내어 충분히 읽어본 뒤 원어민의 발음을 듣고 반복해서 따라해보자.(QR)

역시나 이번에도 예외가 없으면 허전하다. 여기에도 예외가 있다. 다음에 나오는 단어들을 읽으며 'g'의 발음을 비교해보자.

German 독일인	**get** 얻다
giant 거인	**gift** 선물

왼쪽의 단어들은 'g'가 모음 e와 i와 만나 [dʒ] 발음이 나니 우리가 배운 규칙에 적용된다. 그러나 오른쪽 단어들은 'g'가 e와 i를 만났음에도 [g; ㄱ] 발음이 난다. girl, give, giggle 등 이런 예외는 사실 굉장히 많으며, 특히 'g+i'의 예외가 많다. 단어를 익힐 때 발음까지 확실히 체크해야 한다고 강조하는 이유다.

결론적으로, 영어 공부는 큰 틀에서는 파닉스 규칙이 적용되지만 모든 단어가 규칙에 적용되지는 않는다. 앞에서 언급한 대로 모든 파닉스 규칙을 적용해도 영어 단어의 70%만 정확히 읽을 수 있을 뿐 나머지 30%는 '예외'다. 그 '예외'를 기억해서 다음에는 정확히 읽어야겠다고 생각하면 된다. 이제 다음 문장에 포함된 단어들을 읽으면서 'g'의 규칙을 마무리하자.

① 우리 아이는 커서 graphic 디자이너가 되기를 원한다.

② 그 아이는 선생님을 속인 것에 대해 guilty를 느꼈다.

③ 그녀는 태아의 gender가 본인이 원하는 성별이 아닌 것을 알고 실망했다.

④ 목이 아프면 소금물로 gargle을 하세요.

⑤ 크리스마스가 가까워오니 상점에 예쁜 ginger 쿠키가 나왔다.

15

Jun은 '전'과 '준' 중에
무엇이 맞죠?

• 다섯 번째 모음 u •

내 직업은 화가다. 어렸을 때부터 친한 친구였던 Sue가 나의 오랜 Muse이다. 자유분방한 그녀의 모습에서 나는 영감을 얻는다. 그녀는 suit를 입는 일이 거의 없다. 결혼식 같은 공식적인 자리에서도 잘 입지 않는데, suit를 입으면 옥죄는 기분이 든단다. 독창성에 value를 두는 동시에 fun을 추구하고 hug를 좋아하는 그녀는 정말 cute하다.

5개의 모음 a, e, i, o, u 중 다섯 번째이자 마지막 모음인 'u'에 관해 배울 순서다. 위의 단어들은 모두 모음 'u'를 포함하고 있다. 앞에 나온 모음들과 마찬가지로 'u' 역시 단모음인지, 다른 모음과 결합하며 새로운 소리를 만들어내는 이중모음인지에 따라 발음이 달라진다. 'u' 역시 읽을 때 실수가 많고 복잡한 경우가 종종 있다. 지금부터 간단한 단모음 규칙을 시작으로 장모음, 이중모음까지 'u'에 대해 알아보자.

단모음 u

이제 단모음의 의미는 정확히 기억하고 있을 것이다. '단모음 u'는 단어 내에 모음이 'u' 하나만 존재할 때를 말한다.

bus

우리는 망설임 없이 이 단어를 '버스'라고 읽는다. 이제 왜 '버스'라고 읽는지 살펴보자. 여기서 u는 단모음이고, 앞뒤 자음 b와 s를 보면 '버스'라는 발음이 당연하다고 이해된다. 발음 기호는 [bʌs]이다.

단모음 u의 소리는 발음 기호로 [ʌ]가 된다. 수업 시간에 나는 [ʌ]는 [ə] 발음 기호처럼 발음하면 된다고 가르친다. 발음 전문가는 이 두 발음의 미묘한 차이를 구분한다고 하는데, 해방 영어에서는 그렇게까지 할 필요가 없다고 생각하기 때문이다. 그래서 [ʌ]는 [ə]처럼 [어]라고 발음하면 되는데, 이때 첫 자음인 b를 된소리로 발음해서는 안 된다. 이 말인즉 'bus'는 [뻐스]가 아니라 [(으)버스]가 맞다는 뜻이다.(b는 유성음이므로 (으) 소리를 넣어 발음해야 한다고 앞에서 설명했다.)

단모음 u의 발음 규칙은 [ʌ ; 어]라는 것을 기억하며, 이에 해당하는 단어들을 몇 개 더 읽어보자.

plum	truck	junk	tub
자두	트럭	쓰레기	욕조

이들 단어 모두 모음이 'u' 하나뿐이므로 전부 [ʌ]로 발음하면 된다. 가장 중요한 모음의 소리를 알았으니 이제 나머지 자음 소리를 배운 대로 정확히 발음해야 한다. 특히 pl-, tr-의 이중자음 소리와 j로 시작하는 [ʤ] 발음에 신경 써서 읽어야 제대로 발음할 수 있다. 그런 다음 원어민의 발음을 듣고 비교 해보자. 많이 듣고 많이 따라할수록 실력이 는다.(QR)

mud	mug	rug	crust
진흙	머그컵	깔개	빵 껍질
but	Trump	Hulk	sum
그러나	트럼프	헐크	합계

이 단어들 중 mud, mug, rug는 한 음절로 읽어야 한다. 한글 외래어 표기대로 '머드', '머그', '러그'라고 읽는 것은 정확한 발음이 아니다. 다시 말해 [mʌd]는 [머드]처럼 음절을 구별해 2음절 발음으로 읽는 게 아니라 [므얻]의 1음절 발음으로 읽으면 된다. rug 역시 [rug ; (r)뤽]의 1음절로 발음해야 맞다. 또 하나, 지금까지 but을 [밧]이라고 발음했다면 이제부터는 [bʌt ; 빝]으로 발음하면 된다.

위의 단어들을 충분히 연습해보았는가? 그럼 이제 원어민의 발음을 듣으면서 내 발음과 비교해보자. 연습만큼 중요한 복습은 없다.(QR)

'단모음 u'의 규칙을 정리하자면, 단어에 모음이 u 하나만 존재하는 '단모음 u'의 경우에는 그 발음이 [ʌ]가 되고, 소리는 [어]라고 발음하면 된다.

이제 다음 문장에 들어 있는 단어들을 정확하게 읽어보면서 '단모음 u'의 규칙을 마무리하자.

① 나는 어젯밤 밤 파티에서 처음으로 rum을 마셔봤다.

② 벌써 lunch를 먹을 시간이네요. 얼른 duck 요리를 먹으러 갑시다!

③ 여행을 하며 가장 인상 깊었던 것은 nun들이 모여 사는 작은 수녀원이었다.

④ 요사이 일반인도 drug을 쉽게 구할 수 있다고 하니 심히 걱정스럽다.

⑤ 그는 잦은 junk 푸드 섭취로 건강을 해쳤다.(정크 푸드는 흔히 인스턴트 식품이라고도 한다.)

장모음 _u_e

단모음 u에 이어 지금부터는 '장모음 _u_e'를 살펴볼 것이다. 먼저 다음에 나오는 단어들을 읽어보자.

use	fume	cube	Muse
사용	연기를 내뿜다	정육면체	뮤즈

이제는 단모음 u가 아닌 다른 모음 u_e가 보여야 한다. 단어들을 다시 읽으며 장모음 u의 발음을 유추해보자.

이 중 첫 번째 단어인 use를 어떻게 읽었는가? [우즈]라고 발음하지 않았을 것이다. 그렇다. 이 단어는 [유:즈]라고 읽는다. 장모음 u_e의 핵심은 이 발음을 발음 기호와 연결해서 제대로 읽어내는 것이다. 먼저 아래 단어의 발음 기호를 읽어보자.

use [ju:s]

수업 시간에 이 발음 기호를 읽어보라고 하면 백이면 백 [주:스]라고 읽는다. 당신은 어떤가? "엇! 나도 [주:스]인 줄 알았는데……"라고 말하는 소리가 들리는 듯하다. 그럼 지금부터 장모음 u_e의 규칙과 발음 기호 [j]를 연관 지어 설명하겠다.

장모음 u_e에서 마지막 e는 소리가 나지 않는 묵음이고, 두 칸 앞에 위치한 모음 u는 장모음으로 [유:] 소리가 난다. 이 [유:]를 발음 기호로 옮기면 [ju:]가 된다. 기억할 것은 jam이나 jelly처럼 철자에 j가 들어간 경우와 발음 기호 속 j는 아무 상관이 없다는 사실이다. 마치 다른 행성에 사는 생명체처럼 말이다. 흔히 스펠링 j가 [dʒ] 발음이 되는 것을 혼동해서 발음 기호 [j]를 [dʒ]로 읽는 실수를 범한다. 하지만 발음 기호에서 [j] 발음은 따로 있고, 단어의 스펠링에 j가 있을 때는 [dʒ]로 발음하면 된다.

그럼 이제 발음 기호 [j] 소리를 설명한다. 발음 기호 [j]는 발음 기호 안에서 반드시 뒤에 모음이 따라온다. 여기에는 예외가 없다. [ja], [je], [jʌ], [jɔ]처럼 말이다. 차례대로 하나씩 살펴보자.

· [ja]

① 발음 기호에서 [j]가 보이면 무조건 바로 뒤에 있는 모음을 먼저 읽는다. [j] 뒤에 [a]가 있으므로 [a ; ㅏ] 발음에서

② 앞의 [j]를 확인하며 [a ; ㅏ] 발음에 점을 하나 더 찍는다. 그러면 [ja ; ㅏ + • = ㅑ], 즉 [ja ; ㅑ]가 된다.

· [je]

① 발음 기호에서 [j]가 보이므로 뒤의 모음 [e]를 보고 [e ; ㅔ]라고 읽는다.

② 앞에 [j] 발음이 있으므로 [e ; ㅔ] 발음에 점을 하나 더 찍는다. [je ; ㅔ + • = ㅖ]다. 'ㅔ'는 바깥쪽에 점을 찍을 수 없으니 안쪽에 하나 더 찍어 [je ; ㅖ]가 된다.

· [jʌ]

① 발음 기호 [j] 뒤에 있는 [ʌ]의 발음은 [어]라고 배웠다.

② 앞의 [j] 발음의 영향으로 [ʌ ; 어] 발음에 점을 하나 더 찍는다. 그러면 [ㅓ + • = ㅕ]가 되어 [jʌ; ㅕ]가 된다.

이제 다음에 나오는 두 개의 발음 기호를 천천히 읽어보자. 솔직히 무슨 발음 기호인지 어리둥절할 것이다. 그러나 다음과 같이 읽어보면 가능해진다.

[jes]   [jʌŋ]

모두 발음 기호의 괄호 안에 들어 있는 [j]이니 스펠링 j의 [dʒ] 소리와 헷갈리지 않아야 한다. [jes]는 [j] 뒤에 있는 [e ; ㅔ]를 먼저 읽고, [j] 때문에 뒤의 모음 [e]에 점이 하나 더 붙어 [je ; ㅔ + • = ㅖ]가 된다고 했다. 그래서 [jes]의 발음은 [예스]가 된다. 우리가 일상에서 매우 자주 쓰는 Yes의 발음 기호가 바로 [jes]다. [제스]가 아니다.

그럼 [jʌŋ]은? [ʌ ; ㅓ]에서 [jʌ ; ㅕ]로 바뀌고 자음 [ŋ ; 응] 받침이 되므로 [jʌŋ]은 young이다. 역시나 매우 자주 쓰는 단어다. 영단어 young은 [영]이라고 읽으면서 발음 기호 [jʌŋ]는 [정]으로 읽어서는 안 된다.

다시 장모음 u_e로 돌아가 [juːz]를 읽어보자. [j] 뒤의 [u]는 [ㅠ] 발음이니 [ju]는 [주]가 아니라 [ㅠ]가 된다. 'use'의 발음 기호는 [juːz]이고, [유우ː즈(z)]라고 읽는다.

이제 정리해보자. 'u_e'에서 장모음 u의 발음은 [juː ; 유우ː]이다. 스펠링과 발음 기호를 함께 보면 이해될 것이다. 표시된 부분을 보며 다시 한 번 읽어보자.

use	fume	cube	Muse
[juːz]	[fjuːm]	[kjuːb]	[mjuːz]

발음 기호만 보면 복잡해 보일 수 있지만 앞에서 설명한 부분에 유의하여 천천히 읽어보면 된다. [kjuːb]는 [k] 소리 뒤에 [juː ; 유우]와 합쳐져 [큐우ː]로 길게 읽으며 [b] 소리와 결합해 끝내면 된다. 힘들겠지만 읽을 줄 알아야 한다. 여러 번 반복해서 읽어본 뒤 원어민의 발음을 듣고 따라해보자.(QR)

충분히 연습했다면 장모음 u_e의 규칙을 가진 단어들을 몇 개 더 읽어보면서 발음을 확실히 익혀보자.

tune	cute	huge	rule
음조	귀여운	거대한	규칙

앞에서 배운 만큼 'tune'에서 'tune'이 같이 보여야 한다. 'cute'의 'cute', 'huge'의 'huge', 'rule'의 'rule'도 마찬가지다(여기서 rule은 예외로 [uː]로 발음). 그래야 파닉스 규칙을 떠올리며 읽을 수 있다. 충분히 읽어보고 마지막으로 원어민의 발음을 들으면서 더 연습해보자.(QR)

충분히 읽어보았다면 다음 문장에 들어 있는 단어들을 읽으며 장모음 규칙을 마무리하자.

① 아이 영어 그림책에 고집불통 mule이 등장했다. mule은 당나귀와 말의 잡종이다.

② 동료가 오늘 머리를 cut하고 왔는데, 정말 cute했다.

③ 가족들과 오랜만에 놀이공원에 가서 튤립의 fume을 실컷 마시고 fun한 하루를 보냈다.

④ 하필 남편이 출장 간 사이에 fuse가 나가서 난감하다.

⑤ Muse는 그리스 신화에 등장하는 여신으로, 예술가들에게 영감을 불어넣는 존재를 지칭한다.

이중모음 -ue, -ui

지금부터는 u로 시작하는 이중모음인 '-ue'와 '-ui'를 설명하려고 한다. 이 중 '-ui'는 한 가지 소리만 가지고 있으므로 그 규칙만 기억하면 된다. 반면 '-ue'는 두 가지 발음을 가지고 있는 데다 그 소리가 적용되는 단어도 많아서 기억할 것도 상대적으로 많다. 먼저 한 개의 소리를 가진 '-ui'부터 살펴보자.

❶ -ui

실수를 많이 하는 단어를 예로 든다. 바로 suit다. '정장 또는 양복'을 뜻하는 suit를 많은 사람들이 잘못 발음한다. 수업에서 경험한 바에 따르면 대부분 [슈 트]라고 읽었다. 이중모음 '-ui'를 [ㅠ]로 발음한 것이다. 과연 맞을까? 먼저 다 음에 나오는 단어들을 읽어보자.

fruit	juice	cruise
과일	쥬스	유람선 여행

수업 중 이 단어들에서 밑줄 친 '-ui'의 발음이 무엇이냐고 물어보면 대부분 [u ; ㅜ]라고 대답한다. 그러나 [u] 발음으로는 '-ui'의 발음을 하기에 조금 부 족하다. '-ui'는 이중모음이기 때문이다. 이중모음은 모음 두 개가 연달아 이어 진 모음 덩어리로, 대부분 긴 소리가 난다고 앞에서 설명했다. '-ui'도 마찬가지 로 [u: ; ㅜㅜ] 소리가 나야 한다. [u:] 발음은 입술을 앞으로 동그랗게 내민 채 [우]를 [우우]로 길게 발음한다고 했다.

이제 suit를 어떻게 발음해야 하는지 감이 왔을 것이다. 맞다. [슈트]가 아니라 [suːt ; 쑤우t]이다. 모음 '-ui'를 절대 [ㅠ]로 발음해서는 안 되고 [ㅜㅜ]로 발음해야 한다. 이 규칙을 머릿속으로 떠올리면서 세 개의 단어를 다시 한 번 읽어보자.

fruit	juice	cruise
[fruːt]	[dʒuːs]	[cruːz]

과일을 의미하는 fruit를 읽을 때는 '-ui'의 발음뿐 아니라 까다로운 자음 fr-까지 신경 써야 한다. 두 번째 단어인 juice도 입술을 힘껏 내밀며 j[dʒ] 발음을 해야 더 정확하다. 마지막 단어인 cruise 역시 주 모음이 이중모음 -ui이므로 길게 소리 내야 한다. 당연히 r 발음도 정확히 내야 한다. 충분히 연습한 뒤에 원어민의 발음을 들으며 반복해서 따라해보자.(QR)

❷ -ue

이중모음 '-ue'가 두 가지 소리를 가진다고 앞에서 언급했다. 먼저 아래 문장에 들어 있는 두 단어를 읽으며 이중모음 '-ue'의 발음을 생각해보자.

옷에 glue가 묻어 tissue로 닦았지만 지워지지 않았다.

두 단어 모두 '-ue'로 끝나지만 나는 소리는 다르다. 규칙을 하나씩 살피면서 차례대로 배워보자.

- [u:] 발음이 나는 경우

blue	true	glue	clue
파란색	사실인	풀	단서

이 단어들에서 이중모음 '-ue'는 [u:] 발음이 난다. 바로 앞에서 배운 이중모음 '-ui'의 발음과 똑같다. 단순히 [u ; ㅜ]의 긴 소리가 아닌 이중모음이므로 길게 [우우]로 발음해야 정확하다. 여자 아이 이름으로 많이 불리는 Sue도 길게 [su:]로 읽으면 된다.

- [ju:] 발음이 나는 경우

hue	cue	imbue	value
빛깔	신호	가득 채우다	가치

[ju:]의 발음 기호는 [주:]가 아니라 [유우:]라고 '장모음 u_e' 부분에서 설명했다. 발음 기호에서 [j]가 보이면 무조건 바로 뒤에 따라오는 모음을 먼저 읽고 그 모음 소리에 점 하나를 찍으면 된다. 즉 [j] 뒤에 [u]가 있으므로 [ju ; ㅜ + • =ㅠ]가 된다. 그래서 이중모음 '-ue' 두 번째 소리는 [ju: ; 유우]다. 위의 단어들 외에도 모음 '-ue'가 [ju:] 발음을 갖는 경우는 매우 많다. 이 단어들의 '-ue'는 [u: ; 우우]가 아니라 [ju: ; 유우]로 발음해야 한다.

이렇게 이중모음의 소리를 정확하게 기억하고 있으면 단어 전체를 정확하게 읽기가 훨씬 수월하다. hue와 cue처럼 1음절의 단어는 [hju: ; 휴우]와 [kju: ; 큐우]로 읽으면 된다. 2음절인 뒤의 두 단어는 두 번째 음절의 '이중모음 -ue' 소리를 알고 있으니 첫 음절의 발음만 체크하면 된다. 그래서 'imbue'는 [ɪmˈbjuː; 임뷰우]가 되고, 'value'는 [ˈvæljuː; (v)배엘류우]가 된다. 혼자서도 연습해보고, 원어민의 발음을 들으면서도 연습해보자.(QR)

여기서 잠깐, 이중모음 '-ue'를 포함한 단어들 중 적지 않은 단어가 두 발음을 모두 갖는다. 다시 말해 [u:]로 발음해도 되고 [ju:]로 발음해도 된다는 뜻이다. 대표적인 예는 다음과 같다.

sue	Tuesday	due
고소하다	화요일	~때문에
issue	tissue	pursue
주제	(세포) 조직, 화장지	추구하다

두 발음 모두 가능하니 편한 걸로 연습하면 된다. 참고로 [u:] 발음은 미국식이고, [ju:] 발음은 영국식이라고 생각하면 된다. 충분히 연습한 뒤에 원어민의 발음을 들으며 반복해서 연습해보자.(QR)

이제 다음 문장에 포함된 단어들을 읽으며 '이중모음 -ui, -ue'를 마무리하자.

① 그녀가 당신을 떠났다는 게 true인가요?

② 그 회사의 value는 엄청나다.

③ 테이블 좀 tissue로 닦아줘.

④ 제철 fruit가 건강에 가장 좋아요.

⑤ 저의 해방 영어 수업은 매주 Tuesday에 있어요.

16

스펠링에는 있는데
발음은 하지 않는다?

묵음에 대해서는 앞에서 이미 설명했다. 말 그대로 스펠링에는 있지만 '소리는 나지 않는 음절'이라는 뜻이다. 살짝 약하게 발음하거나 짧게 발음하는 것이 아니라 전혀 소리가 나지 않아야 한다. 게다가 묵음이 들어가는 단어는 무수히 많다. 간신히 단어를 읽었는데 발음하지 않는다니 학습자 입장에서는 답답할 노릇이다.

이번 챕터에서는 기초 수준에서 꼭 알아야 할 묵음 규칙과 정확한 발음을 설명한다. 이 챕터를 통해 왜 특정 철자를 소리 내어 읽지 않는지 이해할 수 있게 될 것이다.

kn-, wr-

단어가 'kn-'이나 'wr-'로 시작하는 경우 첫 철자인 k와 w는 발음하지 않는다. 이는 예외 없이 항상 적용되는 묵음 규칙으로, 익숙한 단어들을 예로 들면 다음과 같다.

know	knit	write	wrap
알다	니트	쓰다	싸다

단어의 시작이 'kn-'과 'wr-'이기 때문에 이 단어들은 다음과 같이 발음한다.

know	knit	write	wrap
[noʊ ; 노으]	[nɪt ; 닡t]	[raɪt ; 롸이잍]	[ræp ; 뢔앺]

'kn-'의 k와 'wr-'의 w를 머릿속에서 지우고 아예 없다는 생각으로 n과 r부터 읽으면 된다. knot, wrist 식으로 말이다. 이런 단어들을 더 살펴보자.

knot	knock	knife	knee
매듭	두드리다	칼	무릎

wrist	wrong	wrench	wrinkle
손목	틀린	확 비틀다	주름

앞으로 배울 다른 묵음들도 이런 방식으로 읽는 습관을 들이면 효과적이다. 그럼 이제 이 규칙을 적용하여 단어들을 다시 한 번 읽어보자. 그런 다음 원어민의 발음을 듣고 반복해서 따라해보자.(QR)

wh-, h-

아직도 기억난다. 중학교 1학년 때 처음 만난 영어 선생님께서 what을 [홧],
where을 [훼얼], when을 [휀]으로 발음하셨던 것을 말이다. 그 발음을 따라하
다가 2학년 때 제대로 발음하는 영어 선생님을 만나 정확한 발음을 알게 되었
다. 수업을 들으며 wh가 들어가는 단어에서 h는 발음하지 않는다는 사실을 깨
달았다.

'wh-'로 시작하는 단어에서 h가 발음되지 않는 것은 가장 기본적인 묵음 규
칙이다. 먼저 이에 해당하는 단어들을 읽어보자.

what	where	when	why
무엇	어디에	언제	왜

white	whale	wheat	wheel
흰색	고래	밀	바퀴

그런 다음 원어민의 발음을 들으면서 반복해서 따라해보자.(QR)
많은 사람들이 'white'를 '화이트'로, 'wheel'을 '휠'로 읽는다. 이는
'wh-'에서 h를 발음하지 않는다는 묵음 규칙을 지키지 않은 것으로, 이들 단어의
발음 기호를 살펴보면 다음과 같다. 'wh-'에서 h를 없는 철자로 생각하고 w를
h 뒤에 있는 모음과 바로 연결해서 발음하면 된다.

white	whale	wheat	wheel
[waɪt ; 우와잍t]	[weɪl ; 우에이일L]	[wiːt ; 우이잍t]	[wiːl ; 우이일L]

이번에는 'h'가 묵음이어서 발음되지 않는 규칙을 설명할 차례다. 영어에서는 '한 시간'을 'one hour'라고 한다. '1시간', '2시간'을 의미하는 'hour'는 이미 알고 있듯이 [aʊər ; 아으얼r]로 발음한다. 철자를 써보면 'h o u r'이 된다. 그런데 왜 [a- ; 아-]로 시작할까? 역시나 첫 철자인 'h'가 묵음이기 때문이다. 대부분의 h는 소리가 나는 것이 정상이지만 이처럼 단어에서 'h'를 발음하지 않는 경우도 종종 있다. 기억해야 할 규칙이 많아 힘들겠지만 이제 우리는 'h'가 묵음이 되는 대표적인 단어 몇 개를 기억해야 한다.

hour	honest	honor	ghost
시간	정직한	영광	유령
heir	rhythm	school	herb
상속인	리듬	학교	허브

앞에서 설명한 대로 이 단어들을 발음할 때는 h가 없다는 생각으로 읽어야 한다. hour, honest, honor, ghost 식으로 생각하면 된다. 참고로 풍미가 있거나 향이 나는 식물인 'herb'를 사전에서 찾아보면 'h'를 발음하지 않는 [ɜːrb]와 그대로 발음하는 [hɜːrb] 두 가지가 모두 나온다. 미국 영어에서는 많은 경우 이 단어를 [ɜːrb ; 어어r ㅂ(b)]로 발음한다.

충분히 연습했다면 이제 원어민의 발음으로 정확하게 듣고 반복해 서 따라해보자.(QR)

-l-, -t-

지금부터 설명하려는 묵음 규칙도 많은 분들이 애를 먹는 부분이다. 먼저 'l-' 묵음을 설명하려고 한다. 원어민이 뽑은 '한국인이 발음 실수를 많이 하는 단어들' 리스트에 빠지지 않고 등장하는 단어를 예로 든다.

salmon

뷔페식당이나 레스토랑에서 즐겨 먹는 연어다. 혹시 이 단어를 [샐몬]으로 읽었는가? 그렇다면 지금까지 잘못 발음한 것이다. 이 단어는 뜬금없게도 중간에 있는 'l'이 묵음이다. 즉 이 단어를 읽을 때는 'l' 발음을 하면 안 된다. 정확한 발음은 salmon[ˈsæmən ; 쌔에먼]이다. 이렇게 철자 'l'이 단어 중간에 위치할 때 발음되지 않는 묵음 규칙이 적용되는 단어는 의외로 많다.

walk	half	balm	could
걷다	1/2(절반)	연고(크림)	'can'의 과거형

이 단어에서 'l'은 모두 묵음으로 발음 기호는 다음과 같다.

walk	half	balm	could
[wɔːk ; 우워k]	[hæf 혹은 hɑːf ; 해프f 혹은 하아프f]	[bɑːm ; 바암]	[ˈkʊd ; 크읃]

앞으로 이 단어들을 읽을 때는 'l'이 없다는 생각으로 읽으면 된다. 그런 다음 원어민의 발음을 듣고 반복해서 따라해보자.(QR)

다음에 배울 묵음 규칙은 't' 묵음이다. 이상하게도 이 규칙을 알고 나면 많은 분들이 무릎을 탁 치며 좋아한다. 엄마들에게 취미를 물어보면 '음악 감상'이라고 대답하는 분들이 많다. 그럼 '음악을 듣다'는 영어로 어떻게 표현할까? 맞다. 'Listen to music'이다. 이때 listen이라는 단어를 자세히 보면 묵음이 들어 있다. 바로 't'다. 't'가 묵음이 아니라면 listen의 발음은 ['lɪstn ; 리스튼]이 될 텐데, 우리는 이 단어를 ['lɪsn ; (L)리슨]이라고 읽는다. 이렇게 단어 중간에 위치하면서 소리를 내지 못하는 't'가 들어 있는 단어들을 살펴보자.

catch	fasten	kitchen	castle
잡다	매다	부엌	성

우리가 흔히 쓰는 catch나 kitchen도 스펠링 상에는 't'가 존재하지만 실제로는 발음하지 않는다. 비행기를 타면 나오는 방송 안내 문구인 "Fasten your seatbelt.(안전벨트를 매세요.)"에서 fasten도 같은 규칙이 적용된다. 이 단어의 발음 기호는 [ˈfæsn ; (f)패에슨]이다. 그런데 종종 이 단어를 [fæstn ; 패스튼]으로 읽는 분들이 있다. 't'의 묵음 규칙을 모르기 때문이다. 그런데 '성'을 의미하는 단어 castle을 잘못 읽는 사람은 거의 없다. 아마도 일상에서 [캐슬]로 고착되었기 때문일 것이다.

't' 묵음이 적용되는 단어들을 다시 한 번 읽어보자. 역시나 't'가 없다는 생각으로 catch, fasten, kitchen, castle로 읽으면 된다. 일상에서 자주 보이고 또 많이 쓰는 단어들인 만큼 충분히 연습한 뒤에 원어민의 정확한 발음을 들으며 확인해보자.(QR)

-g(gh), -mb

이번에 배울 묵음 규칙도 꽤 흔하다. 단어들을 먼저 보면서 발음 규칙을 예상해보자.

design   right

첫 번째 단어는 외래어로도 사용되는 '디자인'이다. 발음 기호는 de si g n[dɪ /'zaɪ n]으로, 철자 'g'가 묵음이다. '오른쪽', '올바른'의 뜻을 가진 'right'의 발음 기호는 ri gh t['raɪ t ; r롸일t]로, 여기서는 'g'뿐만 아니라 'gh'가 함께 소리를 갖지 못한다. 즉 '-gh-'가 묵음이다. 이번 챕터에서는 이렇게 'g'와 '-gh-'가 묵음인 단어들을 살펴보자.

sign 서명하다	**gnaw** 갉아먹다	**resign** 사임하다	**foreign** 외국의
high 높은	**fight** 싸우다	**neighbor** 이웃 사람	**daughter** 딸

'g'와 '-gh-'가 묵음이라는 것을 생각하며 이 단어들을 천천히 발음해보자. 이렇게 읽는 것이 맞나 하는 의문이 들거나 확신이 들지 않는 단어는 체크를 하며 읽어도 된다. 원어민의 목소리는 발음을 충분히 짐작한 뒤에 읽어보고 들어도 좋다.(QR)

이제 차례대로 설명하면, 첫 번째 줄에 있는 단어들은 전부 '-gn-'의 'g'가 묵음이다. 그리고 묵음 'g' 앞에 모음이 'i'만 있을 경우 대부분 [aɪ ; 아이]로 발음된다. 그래서 sign과 resign 모두 ['saɪn ; **싸아인**], [rɪ'zaɪn ; (r)**뤼(z)자**인]으로 소리 난다. 두 단어 뒤에 있던 '-gn'이 단어 맨 앞에 위치해도 규칙은 같다. gnaw는 조금 낯선 단어이지만 묵음 'g'의 규칙을 이해하는 데 도움이 된다.

gnaw → ɡnaw [nɔː ; 너어어]

foreign은 읽기 어려운 단어 중에 하나다. 묵음 'g'만으로도 어려운데 그 앞에 이중모음까지 있어 더 만만치 않다. 이런 단어는 기본적으로 적용되는 파닉스 규칙을 이해한 다음 처음부터 모음의 발음을 정확히 기억해두어야 한다.

foreign → foreign → foreign ['fɔːrən ; (f)**포어**(r)**뤈**]

두 번째 줄에 있는 단어들은 모두 '-gh-'가 묵음이다. 여기서도 묵음인 '-gh-' 바로 앞에 모음이 'i'만 있을 경우 [aɪ]로 발음하면 된다. 그래서 high와 fight를 high[haɪ]와 fight[faɪt]로 읽었다. 이웃을 뜻하는 neighbor도 '-gh-' 묵음 규칙만 알고 있으면 어렵지 않게 읽을 수 있다.

neighbor → neighbor → neighbor ['néɪbər ; 네이벌r]

'-gh-' 묵음 규칙의 마지막 단어는 '딸'을 의미하는 daughter이다.

daughter → dau~~gh~~ter → dau~~gh~~ter [ˈdɔːtər ; 더어털r]

이 단어를 읽을 때 발음 기호처럼 [ˈdɔːtər ; 더어터r]로 읽는 것보다 [ˈdɔːrər ; 더어r럴r]로 발음하는 것이 더 편한 경우가 있을 것이다. 그 이유는 우리가 미국식 영어에 더 많이 노출되어 있기 때문이다. 미국식 영어는 마지막 음절의 t, 즉 daughter의 -ter를 -rer로 소리 내는 경향이 있다.

computer [kəmˈpjuːtər ; 컴퓨우털r → kəmˈpjuː rər ; 컴퓨우r럴r]
water [|wɔːtər ; 우어털r → |wɔːrər ; 우어r럴r]

흔히 보는 두 단어 computer와 water의 첫 번째 발음 기호는 사전식 표기이고, 오른쪽은 미국식 발음이다. 두 발음 모두 맞는 소리이므로 본인이 편한 대로, 혹은 선호하는 발음으로 연습하면 된다.

지금까지 단어를 하나하나 들여다보며 묵음 규칙과 함께 전체 발음을 알아보았다. 쉽지 않은 단어들이니 꼭 다시 한 번 복습하며 정확히 익히도록 하자.

대망의 마지막 묵음 규칙은 'b' 묵음이다. 영화 〈덤 앤 더머〉를 알고 있을 것이다. 짐 캐리 주연의 영화로 조금 모자란 듯 보이는 두 남성의 좌충우돌 이야기를 담아내 전 세계적으로 큰 인기를 끌었다. 코미디나 예능 프로그램에서 바보 같고 어리바리한 행동을 하는 두 사람을 가리켜 'dumb and dumber'라고 하는 것도 이 영화의 영향이다. 바로 이 'dumb(멍청한)'이 지금 배울 묵음 규칙을 잘 보여준다. dumb에서 마지막 철자 'b'는 묵음으로, 이 단어는 [dʌm ; 더엄]으로 발음한다. 규칙을 정리하면 '-mb'일 때 마지막 철자인 'b'는 발음하지 않는다. 이 규칙이 적용되는 단어들을 살펴보자.

comb	lamb	climb	thumb
빗	어린 양	오르다	엄지손가락

이 단어들은 모두 '-mb'로 끝난다. 마지막 철자 '-b'가 묵음이니 단어들의 마지막 소리는 모두 '-m'이다. 역시나 마지막에 'b'가 없다는 생각으로 읽으면 편하다.

comb → comb [koʊm ; 코음]
lamb → lamb [læm ; ㄴ래엠]
climb → climb [klaɪm ; 클ㄴ라임]
thumb → thumb [θʌm ; θ써엄]

묵음 규칙을 적용하여 모음의 소리를 예상해 발음해보면 된다. 반복해서 연습할수록 정확도가 높아진다. 그런 다음 원어민의 발음을 듣고 비교해보자. 각 단어를, 특히 단어 속에 있는 모음을 어떻게 읽는지 신경 써서 듣는 것이 중요하다. 정확한 발음을 반복해서 듣고 따라야 내 발음도 정확해진다.(QR)

지금까지 묵음 규칙들을 자세히 살펴보았다. 앞으로 돌아가 다시 한 번 복습해도 좋고 다음 문장에 나오는 단어들을 정확히 읽으며 내용을 떠올려도 좋다.

① 올림픽 wrestling 경기에서 심판이 whistle을 불자 한국의 승리로 끝났다.

② 중세시대 knight가 bomb을 들고 있어서 웃겼어요.

③ Christmas에는 오히려 세상이 calm해져요.

④ 우리 집 서열 1위는 가장 어리고 성격이 bright한 막내daughter이다.

⑤ Foreign 친구와 동업을 하기로 해서 지난주에 이미 계약서에 sign했어요.

⑥ 요즘 운동을 마치면 단백질 섭취를 위해 almond 우유를 마신다.

17

자음인데
모음이라고요?

• 반모음 w, y •

지금까지 다양한 파닉스 규칙을 설명하면서 '반모음'에 대해 여러 번 언급했다. 사실 영어에 반모음이라는 분류는 없다. 알파벳 철자는 무조건 모음과 자음으로 나뉜다. 다만 자음 가운데 모음의 성질을 갖는 일부 철자가 있고. 이를 편한 대로 '반모음'이라 부른다. 모음 5개가 가진 규칙을 이해하고 공부하는 것만으로도 벅찬데, 반모음이라니 야속하기까지 하다. 그래도 여기까지 온 스스로를 격려하고 위로하며 조금만 더 힘을 내주기 바란다.

대표적인 반모음은 'l, r, w, y'이다. 이 중 r과 l은 앞에서 설명했으니 이번 챕터에서는 w와 y를 자세히 설명한다.

반모음 w

'반모음'은 말 그대로 '모음의 성질이 반만 있다'는 뜻이다. 모음의 성질이 반만 있기 때문에 혼자서는 절대 모음 역할을 하지 못한다. 이런 특징 때문에 반모음 w 뒤에는 반드시 온전한 모음이 와야 한다.

반모음 w + 모음(a, e, i, o, u)

반모음 w는 발음 기호 [w]로 표시하고, 우리말의 '우'를 발음하듯 입술을 동그랗게 앞으로 내밀며 소리 내면 된다. 정확한 발음을 위해서는 반모음 w[w ; 우] + 모음 소리를 연결해 발음해야 한다.

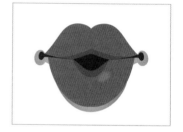

그런데 '반모음 [w] + 모음'을 발음할 때 학습자들이 많이 실수하는 부분이 있다. 쉬운 단어인 win을 가지고 설명하면, 이 단어를 발음할 때 흔히 [wɪn → w + ɪ + n → 우 + 이 + ㄴ = 윈]으로 발음한다. 그러나 정확하게 말하면 '반모음 w + 모음'은 소리를 결합하는 것이 아니라 "연결"해야 한다. 여기서 결합과 연결의 차이가 무엇인지 궁금할 것이다. 간단히 정리하면 다음과 같다.

win [w + ɪ + n → 윈]은 '결합'
win [w + ɪ + n → 우인]은 "연결"

'연결'해서 읽는 두 번째 발음이 맞는 소리라는 뜻이다. 그러니까 win은 [윈]이 아니라 [우인]으로 소리 난다. 대신 발음할 때 [wɪn ; 우인]을 자연스럽게 연결해서 빨리 발음해야 한다. 이렇게 설명하면 둘 다 듣기에 같은 소리 아니냐고 질문하는 분들이 많은데, 두 소리는 완전히 다르다. 수업하는 엄마들의 귀에도 다르게 들린다고 하니 원어민의 귀에는 더 다르게 들릴 것이다. 이런 부분에서 미묘한 발음의 차이가 생긴다.

설명을 들었으니 이제 '반모음 w +모음'을 '결합'이 아니라 "연결"해서 다음의 단어들을 발음해보자.

waffle	wait	week	wedding
와플	기다리다	주(주일)	결혼식

wild	woman	work	with
야생의	여자	일하다	~와 함께

습관적으로 '와플'로 발음하던 첫 번째 단어는 ['wɑːfl ; 우아아(f)플(L)]이라고 해야 맞다. 여기서 중요한 것은, 첫 철자인 '반모음 w+a'를 [와-]로 결합하는 것이 아니라 [우아아-]로 연결해서 발음한다는 점이다. wedding도 마찬가지다. 일상에서 외래어로 사용하는 것처럼 영어마저 '웨딩'으로 발음해서는 안 된다. 정확한 발음은 wedding [wedɪŋ ; 우+에딩]이다.

지금은 '결합'과 '연결'의 차이를 크게 느끼지 못하겠지만 단언컨대, 결합하는 단어와 연결하는 단어는 다르게 들린다. "연결"해야 훨씬 정확하다. 그러니 꼭 "연결"해서 발음하려고 노력해보라. 그런 다음 원어민의 발음을 들으며 "연결"하는 부분을 따라해보라.(QR)

이제 마지막으로 다음 문장에 포함된 단어를 확인하면서 '반모음 w'를 마무리하자.

① 많이 뛰었더니 water가 마시고 싶다.

② 아이들이 놀다가 피곤했는지 wagon에서 자고 있다.

③ 여름이 다가와서 weight를 빼고 싶은데, 쉬운 일이 아니네요.

④ 유명한 고전인 'Alice in Wonderland'를 읽었다.

⑤ 백악관이 The White House이면 청와대는 The Blue House인가요?

반모음 y

'반모음 y'도 w와 마찬가지로 뒤에 반드시 모음이 따라온다. 모음의 성질이 반밖에 없는 y가 바로 뒤에 오는 모음과 만나서 새로운 모음의 소리를 만들어내기 때문이다. 그런데 반모음 y의 성질을 우리는 이미 앞에서 배웠다. 반모음 y의 성질이라고 직접 언급하진 않았지만 밀접한 관련이 있는 내용이었다. 바로 발음 기호 [j] 부분에서다. 발음 기호 가운데 가장 어려운 것으로 꼽히는 [j + 모음]의 성질을 〈장모음 u_e〉에서 배웠다.

기억이 가물가물한 분들을 위해 잠깐 복습해보면, 발음 기호 [j]가 보이면 항상 바로 뒤에 있는 모음을 먼저 읽으라고 했다. 예를 들어 [ja-]를 발음한다고 하면 [a ; 아]를 먼저 읽는다. 모음 [a] 앞에 있는 [j]의 역할은 뒤에 있는 모음 소리에 점을 추가하는 것이다. 그래서 [ja ; 아 + • = 야] 발음이 된다.

한 가지 예를 더 들어보면 [je-]를 읽을 때 [j] 뒤에 있는 모음 [e]를 보고 [e ; 에]라고 읽는다. 그런데 앞에 [j]가 있으니 [e ; 에] → [je ; 에 + • = 예]가 된다. 즉 [ja-]는 [야-], [je-] 는 [예-]로 발음한다.

여기까지가 발음 기호 [j]를 배우면서 설명했던 내용인데, 바로 이 내용이 반모음 y와 연결된다.

[jes]

앞에서 읽은 어떤 단어의 발음 기호다. [j]에 대해 배운 것을 기억하며 어떤 단어인지 떠올려보자. 생각나는가? 맞다. 이 발음 기호는 [jes ; 에+ • +s = 예스]로, 해당 단어는 'yes'였다.

반모음 y와 발음 기호 [j]가 밀접한 연관이 있다고 한 이유는, 발음 기호가 [j]일 때 그걸 영어 스펠링 상으로 보면 y가 존재하는 경우가 굉장히 많기 때문이다. 발음 기호 [jes]도 철자 상으로는 'yes'로, 발음 [j]에 해당하는 스펠링이 반모음 y가 되는 것이다. 이런 예는 굉장히 많다.

이름에 '양', '현', '윤', '혜' 자가 들어가는 사람이 'ㅑ', 'ㅕ', 'ㅠ', 'ㅖ'를 영문으로 쓸 때 이들 모음에는 모두 반모음 y가 들어간다. 이때 반모음 스펠링 y에 해당하는 부분의 발음 기호가 바로 [j]가 된다.

가끔 여권에 들어갈 아이의 이름 영문 철자를 질문하는 분들이 있다. 보면 대부분 반모음 y가 들어가는 경우다. 말이 나온 김에 정리하고 넘어가자. 먼저 앞에서 언급한 단어들을 조합하여 가상의 인물을 한 명 만들었다.

양 윤 혜

성은 '양'이고, 이름은 '윤혜'이다. 먼저 성인 '양'은 모음 '야' 부분을 생각해야 하는데, 위에서 설명한 대로 모음 '아 + •'를 조합하면 '야'가 된다. 이때 '아'의 a 앞에 반모음 y를 쓰면 된다. 그 다음 'ㅇ' 받침은 앞에서 배운 것처럼 'ng'를 쓰므로 '양'은 'Yang'이 된다. 이름의 첫 자는 항상 대문자로 시작한다는 것은 알고 있을 것이다.

그 다음은 '윤'이다. '윤'은 개인별로 철자를 조금씩 다르게 쓸 수 있다. '윤'의 '유' 부분을 쓰는 방법이 몇 가지 있기 때문이다. '유'는 '우 + •'로, '우'를 쓰는 방법은 ① -oo- ② -u- ③ -ou- 등이 있다. 가장 많이 쓰는 '우'는 ① -oo-으로, 이를 '우'로 사용하면 'Yoon'이 된다. ② -u-를 '우'로 사용하면 'Yun'이 된다. 하지만 '-u-'는 '우'뿐만 아니라 '어' 발음도 나기 때문에 'Yun'만으로는 '윤'인지 '연'인지 헷갈릴 수 있다. 마찬가지로 ③ -ou-를 사용하면 반모음 y를 앞에 썼을 때 'You'가 된다. 'You' 자체가 이미 '유' 발음이므로 'Youn'도 철자 '윤'에 종종 쓰인다.

여기에 마지막 글자인 '혜'는 자음 'ㅎ → h', 모음 'ㅖ → ㅔ + •'가 되므로, 'Hye'라고 쓴다.

반모음 y가 뒤의 모음과 결합해서 어떻게 새로운 모음 소리를 만들어내는지 발음 기호 [j]와 연관 지어 살펴보고, 한글 이름을 영문으로 옮길 때 반모음 y가 어떻게 쓰이는지까지 알아보았다.

이제 반모음 y가 포함된 단어들을 읽어보고 정확한 발음을 연습해보자.

yard
마당

year
해, 년

yoga
요가

youth
젊음

반모음 y에 해당하는 부분을 발음할 때는 입술 양끝을 조커처럼 옆으로 찢듯 발음해야 한다. 그래야 정확하게 발음할 수 있다. 사실 이 발음은 앞에서 배운 [i:] 발음과 동일하다. 같은 발음이지만 사전에 따라 [i:]로 표기하기도 하고 [iy]로 표기하기도 한다.

첫 번째 단어인 yard를 보면 y 뒤에 모음 '-ar'이 있다. [ar ; 아알r] 발음 앞에 y가 있으므로 [jar ; 야알r]이 되지만, yard는 y 음의 시작에 [이] 입모양으로 [(이)야알r-]로 하면 더 정확하다. 그러므로 '마당'이라는 뜻을 가진 단어 yard를 정확하게 읽으려면 [야알드]보다는 [(이)야알드]로 발음해야 한다.

여기서 반모음 y의 발음을 좀 더 확실하게 연습할 수 있는 문제를 하나 제시한다. 두 번째 단어인 year과 '귀'를 의미하는 ear의 발음 차이를 찾아내는 것이다. 과연 차이가 있을까? 차이가 있다고 생각되면 어떤 차이가 있는지, 없다고 생각되면 왜 그런지 각각 이유를 생각해보자.

정답은, '있다'이다. 방금 설명한 '반모음 y'의 발음 때문에 차이가 생긴다. '귀'를 의미라는 ear는 [ɪər ; 이얼r]로 원래 발음하던 대로 하면 되지만, '해, 년'을 뜻하는 year는 단순히 [ɪər]이 아닌 [jɪər]로 발음해야 한다. 스펠링에 'y'가 있고 발음 기호에 [j]가 존재하기 때문이다.

yoga와 youth도 '반모음 y+모음'이 같으므로 뒤에 모음 소리를 확인한 뒤 '모음 소리+•'로 발음하면 된다.

yoga → y+ o [oʊ ; 오으] + ga → yo [joʊ ; 요의] +ga → [joʊɡə ; (이)요으거]
youth → y + ou [u ; 우] + th → you [ju ; 유] + th → [ju:θ ; (이)유우쓰θ]

'반모음 y'는 y 바로 뒤에 오는 모음의 발음을 빨리 확인한 다음 점을 하나 더 찍으면서 y에 해당하는 부분을 '(이)' 입모양으로 시작하면 된다. 이 설명에 유의하여 발음을 연습해보고 원어민의 발음과 비교해보자.(QR)

'반모음 y'에 관한 마지막 내용은 단어의 마지막 철자가 '-y'로 끝나는 경우다. 이 경우의 y 발음에 관한 질문도 자주 받는 편인데, 의외로 규칙은 간단하다. 먼저 두 단어를 비교해서 읽어보자.

sky
하늘

happy
행복한

두 단어 모두 '-y'로 끝나지만 두 단어 속 y의 발음은 다르다. sky[skaɪ]에서 -y에 해당하는 소리는 [-aɪ ; -아이]이고, happy['hæpi]에서 -y에 해당하는 발음은 [i ; 이]다. 그렇다면 왜 sky에서 -y는 [아이] 발음이고, happy에서 -y는 [이] 발음이 날까?

답은 단어에서 모음 역할을 하는 것이 무엇이냐에 따라 달라진다. sky라는 단어에는 모음이 한 개도 없다. 그래서 반모음 역할을 하는 마지막 y가 이 단어의 모음 역할을 한다. 이때 소리를 길게 갖기 위해 [-aɪ] 발음을 내는 것이다. 반면 happy에는 마지막 스펠링인 y 말고도 강세가 있는 주모음이 따로 있다. 바로 'ha-'의 'a[æ]'이다. 이 'a'가 모음 역할을 하는 만큼 마지막 철자인 반모음 y가 굳이 긴 모음 소리를 가질 필요가 없다. 그래서 간단히 [i ; 이] 소리만 내면 된다. 다음에 나오는 단어들을 비교하면서 마지막 철자로 오는 반모음 y의 소리를 구별해보자.

try	story	cry	busy
노력하다	이야기	울다	바쁜

try와 cry는 마지막 y가 모음 역할을 혼자 떠맡아야 하므로 긴 [ai] 발음이 나지만 story와 busy에는 y 앞에 주모음인 '-o-'와 '-u-'가 있 기 때문에 y는 짧은 [i] 발음을 내면 된다. 원어민의 발음을 듣고 반복해서 따라 해보자.(QR)

마지막으로 다음 문장에 포함된 단어들을 읽으면서 '반모음 y'를 마무리하자.

① 나는 아침에는 간단하게 yogurt를 먹는 게 좋아!

② 여름이 되면 음식물에 자꾸 fly가 몰려든다.

③ 우리 아들은 계란을 먹을 때 yolk는 안 먹어요.(yolk:노른자, 이때 'l'은 묵음이다.)

④ 유럽 배낭여행을 갔을 때 돈을 아끼려고 youth hostel에서 잤다.

⑤ 그 음식은 조금 oily했지만 맛은 괜찮았다.

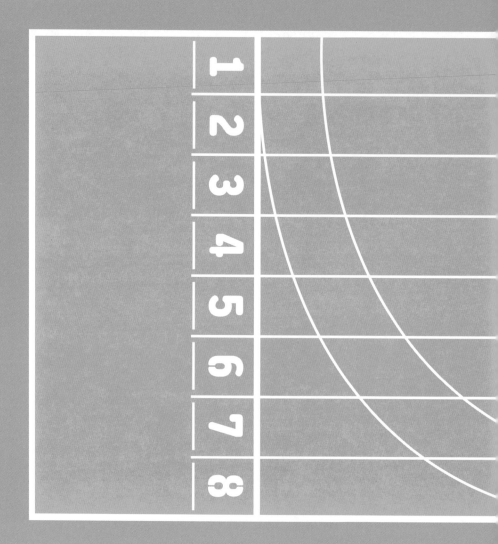

PART4

영어 문장의 기본 구조
이해와 말하기 연습

01

요즘도 옛날처럼
지루하게 문법을 배우나요?

문법 몰라도 영어 잘하던데......

많은 분들이 영어를 재미없고 어려운 것으로 생각한다. 해방 영어반 수업에 참여하는 엄마들도 예외는 아니다. 그중에서도 무엇이 가장 어려웠냐고 물어보면 해도해도 늘지 않는 문법과 긴 지문을 읽고 해석하는 독해였다고 고백한다. 난생 처음 보는 긴 영어 지문만으로도 숨이 막히는데 문법을 적용하는 것을 넘어 해석 후에 답까지 찾아내야 했으니 당연하다. 그래서인지 다시 영어를 시작하면서 가장 많이 하는 질문도 이것이다.

"선생님, 문법도 공부해야 하나요?"

그럼 나는 망설이지 않고 "네"라고 대답한다. 물론 학창 시절처럼 문법 중심의 수업은 결코 하지 않는다. 하지만 영어를 하면서 문법을 공부하지 않는 건 현실적으로 불가능하다. 그러면 다시 묻는다.

"유튜브 보면 문법을 공부하지 않고도 영어 잘하는 사람 많던데요?"

'문법 공부'를 따로 하지 않을 순 있다. 하지만 '문법grammar'은 같은 언어를 사용하는 사람들끼리 그 언어를 사용하는 데 필요한 규칙과 정보를 모아 놓은 것이다. 그래서 문법을 무시하고는 그 언어를 제대로 사용하기가 어렵다. 대신 자연스럽게 그 언어를 체득하고 규칙에 익숙해지면 굳이 문법을 '공부할' 필요까지는 없을 수도 있다. 쉽지 않은 일이지만 말이다.

이런 질문을 받았을 때 영어 선생님들이 공통적으로 드는 예가 하나 있다. 다음 문장을 읽고 의미를 생각해보자.

"나는 사랑해, 케빈(Kevin)을 "

"케빈을 사랑해, 나는"

"사랑해, 나는 케빈을"

세 개의 문장은 의미가 같다. '내가 케빈Kevin을 사랑한다'는 것이다. 우리말은 이렇게 순서를 조금 바꿔도 의미가 통한다. 그렇다면 이번에는 이 문장들을 영어로 옮겨본다.

"I love Kevin."

"Kevin love, I."

"Love, I Kevin."

이 중 문법에 맞는 첫 번째 문장을 제외하고 두 번째와 세 번째 문장은 상대방이 전혀 이해하지 못하거나 잘못된 의미로 오역할 수 있다. 이유는 한글은 문장의 구성 요소가 오는 자리가 조금 달라져도 조사(~는, ~가, ~을, ~를)의 역할로 문장의 의미를 이해하는 데 큰 어려움이 없지만 영어는 '위치 언어'라서 정확한 위치에 단어가 오지 않으면 의미가 달라지기 때문이다. 다시 말해 영어를 가지고 적확한 의미로 오해 없이 소통하기 위해서는 문법에 맞게 문장 순서대로 이야기해야 한다.

간혹 독학으로 영어를 공부하다가 그룹 회화를 하고 싶어 수업에 등록하는 분들이 있다. 안타깝게도 문법을 간과하고 자신이 아는 단어, 다시 말해 어휘를 나열하는 식으로 스피킹을 하여 나를 당황시키곤 한다. 머릿속으로 한글 문장을 먼저 생각한 다음 그 자리에 영어 어휘만 바꿔 이야기하니 나를 비롯한 다른 사람들은 전혀 알아듣지 못하는 것이다.

가장 흔한 예는 시제를 무시하고 어순을 모조리 우리말 순서로 이야기하는 것이다. 예를 들어 "What did you do last weekend?"(지난 주말에 무얼 했죠?)라는 질문에 뜬금없이 "I weekend with family go the park. Wind many so son say cold"라고 나열하는 식이다. 무슨 의미인지는 대충 짐작할 수 있다. 주말에 가족들과 공원에 갔었는데 바람이 많이 불어 아들이 춥다고 말했던 것 같다. 그러나 이 문장은 제대로 된 대화라고 할 수 없다. 어순은 차치하고라도 '지난 주말last weekend'에 무엇을 했냐는 질문에 과거 시제went가 아닌 동사의 원형go을 사용했기 때문이다. 이렇게 말하면 과거가 아닌 일상의 반복이나 루틴을 말하는 현재 시제로 받아들여진다.

하지만 진짜 문제는, 이 사실을 알면서 의도적으로 현재 시제를 쓴 게 아니라

go의 과거형이 went라는 문법을 알지 못한 상태로 혹은 문법을 전혀 신경 쓰지 않고 'go'를 사용했다는 데 있다. 바람이 많이 불어서 아들이 춥다고 말했다는 부분도 저렇게 말하면 알아듣지 못한다. 안타깝게도 레벨이 높아질수록 상황은 더욱 악화된다. 레벨이 높아질수록 문장의 구조나 어휘는 더 복잡해지는데 이런 분들은 문법을 전혀 신경 쓰지 않고 있기 때문이다.

"patient will make around people to change. I scolding my children other people call me my voice is scared and big to people……."

이런 문장들을 계속해서 듣고 있으면 무척 난감하다. 상대를 최대한 배려하여 레벨을 낮춰 조금 더 기초를 다지시라고 말씀드리면 한결같이 "저는 문법 공부 말고 스피킹을 하고 싶은데요"라는 답이 돌아온다. 레벨을 낮춰 공부하라는 것은 문법 공부뿐만 아니라 기본적인 문장부터 구조를 이해하고 정확한 문장을 만드는 연습을 하라는 의미이거늘 이런 분들은 말뜻을 이해하지 못한다.

정확하게 영어를 말하려면 영어를 사용하는 사람들이 정한 규칙, 즉 문법을 무시하고는 불가능하다. 그 문법을 나의 영어 말하기에 적용하고 연습하는 것이 핵심이다. 문법은 지루하고 고리타분하기 짝이 없는 재미없는 공부가 아니라 영어 사용을 위한 약속을 알아가는 과정이다. 영어를 사용하는 사람들 간의 약속을 이해하고 실천해야 실력이 느는 것이 당연하지 않겠는가?

이제부터 내 영어의 정확성을 높이기 위한 약속, 즉 문법을 가지고 짧은 영어 문장 만들기와 말하기에 도전해보자.

02

기본 중의 기본,
be 동사 파헤치기

be 동사의 기본 구조

앞에서 설명한 것처럼 영어는 위치 언어라서 문장의 어순(순서)를 잘못 나열하면 의도와 다르게 받아들여질 수 있다. 이런 실수를 하지 않으려면 영어 문장의 기본 구조를 잘 알아두어야 한다.

지금부터 기억을 과거로 돌려보자. 혹시 《성문 영어》나 《맨투맨 영어》를 기억하는가? 그 교재들을 보며 수없이 외웠던 '영어 문장의 5형식'도 기억나는가? 벌써 머리가 지끈지끈해지는 느낌이 올 것이다. 설마 이걸 다시 외워야 하나 하는 의문도 들 것이다. 아니니까 일단 안심해도 된다. 영어의 5형식에 대해 설명한다고 해도 지금은 이해할 수가 없다. 차근차근 실력을 키워 이해할 수 있는 문장 수준을 높인 뒤에 '영어의 5형식' 설명을 보면 그때는 쉽게 이해될 것이다. 영어 문법은 외우는 것이 아니라 이해하는 것이기 때문이다. 이제 우리는 가장 간단한 문장 구조를 공부할 것이다.

'주어+ 동사+~'

매우 간단하다. 먼저 주어와 동사의 의미를 정확히 짚고 넘어가자. 주어는 문장 안에서 행동하는 사람이나 사물을 의미한다. 우리말에서는 '~은, 는, 이, 가'로 알아두면 쉽다. 동사에서 '동'은 한자 움직일 '동動'으로 말 그대로 사람이나 사물의 움직임 또는 작용을 나타낸다.

① I live.

② They aren't 40 years old.

③ Karen loves Tom so much.

④ The bus is yellow and green.

이 문장에서 주어와 동사를 찾아보면 다음과 같다.

① 주어: 'I' / 동사: live / 뜻: 나는 산다.

② 주어: They / 동사: are / 뜻: 그들은 40살이 아니다.

③ 주어: Karen / 동사: loves 뜻: 카렌은 톰을 너무 많이 사랑한다.

④ 주어: The bus / 동사: is / 뜻: 그 버스는 노란색과 초록색이다.

해방 영어에서는 문장에서 주어와 동사를 구별하고 어순을 배열할 수 있는 정도만으로도 충분하다. 뒤에 오는 문장 요소는 차근차근 배우면서 나열하면 된다. 그럼 본격적으로 주어와 동사 구조에서 가장 기본인 be 동사로 이루어진 문장을 설명한다.

be 동사의 쓰임

그럼 be 동사는 무엇인가? 일단 동사는 크게 일반 동사와 be 동사로 나눠진다. 일반 동사는 '달리다', '공부하다', '춤추다'처럼 어떤 동작이나 행동을 나타내는 말이다. 즉 주어가 무엇을 하고 있는지 알려준다. 반면 be 동사는 '~이다, 있다'처럼 직접 동작은 하지 않지만 어떤 상태를 나타낼 때 쓰인다. 한마디로 존재를 설명해주는 말이다.

be 동사에는 'am', 'are', 'is' 세 가지가 있으며, 앞에 어떤 주어가 오느냐에 따라 am을 쓰기도 하고, are를 쓰기도 하며, is를 쓰기도 한다. 3개 모두 현재를 나타내는 be 동사이고, 과거형 be 동사로 'was'와 'were'가 있다.

- be 동사의 동사 원형: be
- 현재를 나타내는 be 동사: am, are, is
- 과거를 나타내는 be 동사: was, were

그렇다면 be 동사는 어떤 뜻을 가질까? 첫째, 신분이나 물건의 정체를 나타낸다.

- I am Jessica. 나는 제시카이다.
- This is a book. 이것은 책이다.
- They are my friends. 그들은 내 친구다.

둘째, 사람이나 사물의 특성 또는 특징을 나타낸다.

- The bus is yellow and green. 그 버스는 노란색과 초록색이다.
- Ellen and Linda are pretty and kind. 엘렌과 린다는 예쁘고 친절하다.

셋째, 사람이나 사물의 상태를 나타낸다.

- My children are sick. 내 아이들이 아프다.
- That car is old and dirty. 저 자동차는 오래된 데다 더럽다.

그 외에 날씨를 표현하거나 물건 값을 말할 때, 그리고 존재에 대해 언급할 때도 be 동사를 사용한다.

- The weather is sunny and warm. 날씨가 맑고 따뜻하다.
- Oh, it is thirty dollars! 아, 그건 30달러예요!
- Is there a God? 하나님이 있을까?

또한 be 동사는 대명사와 함께 사용되어 '~는 …이다'라는 긍정을 나타낸다.

주어	be 동사	축약형
I(나는)	am	I'm
He(그는)		He's
She(그녀는)	is	She's
It(그것은)		It's
We(우리는)		We're
You(너는, 너희는)	are	You're
They(그들은, 그것들은)		They're

그리고 대명사와 부정어 not과 함께 '~는 …가 아니다'라는 부정을 나타내기도 한다.

I	am not	I'm not
He		He's not (or) He isn't
She	is not	She's not (or) She isn't
It		It's not (or) It isn't
We		We're not (or) We aren't
You	are not	You're not (or) You aren't
They		They're not (or) They aren't

문장에서 be 동사가 필요할 때 주어가 I라면 무조건 am을 사용해야 한다. 대명사와 be 동사의 짝꿍은 예외 없이 항상 동일하다. 주어가 I인 문장에서 are나 is는 절대 쓰일 수 없다. 동사에서 가장 기본이 되는 부분이므로 기본형과 축약형을 모두 익혀두자.

여기서 잠깐, 대부분의 사람들이 You를 '너, 당신'의 뜻으로 알고 있다. 그런데 수업 시간에 선생님이 학생들에게 You라고 하는 걸 보면 You가 '너, 당신'의 뜻만 가지고 있는 것은 아니라는 생각이 들 것이다. 맞다. You는 '너, 당신'을 넘어 '너희들, 당신들'이라는 복수의 의미도 가지고 있다. 그래서 대화를 할 때 'You'가 '너, 당신'으로 쓰일 경우 대답은 I로 시작한다. '너'라고 질문했으니 '나는'으로 대답하면 된다. 그러나 You가 '너희들, 당신들'로 여러 사람을 지칭할 때는 'I'가 아니라 'We'로 대답해야 맞다. 아래의 예를 보면 확실하게 이해될 것이다.

- 두 사람 간의 전화 통화

    A: Where are you? 너 어디야?

    B: I'm in the bedroom. 나 침실에 있어.

- 교실에서

    A: Are you done? 너희들 다 했니?

    B: Yes, we are. 네, 우리 다 했어요.

We와 They의 차이점

그렇다면 We와 They는 어떻게 다를까? 간단하게 정리하면, We는 '우리는' 으로 말하는 나I가 포함된 단어다. 그러나 They는 '그들은'으로 말하는 나I와 대화하고 있는 너You가 포함되지 않는 단어다. 다시 말해, 둘 다 복수이지만 '나' 의 포함 여부에 따라 주어가 달라진다.

> • We(우리는) = I(말하는 사람) 포함
> • They(그들은) = I(말하는 사람)와 You(내가 대화하고 있는 상대) 불포함

예를 들어 설명하면, 다음 대화에서처럼 말하는 사람이 포함된 경우에는 'We'를 쓰면 된다.

A: Where are you from? 당신들은 어느 나라에서 왔나요?

B: We're from Korea. 우리는 한국에서 왔어요

반면 다음 대화에서처럼 나와 말하는 사람이 포함되지 않은 경우에는 'They' 를 쓰면 된다.

A: Are they married? 걔네(그들)는 결혼했니?

B: Yes, they are. 네. 했어요.

이제 be 동사가 포함된 여러 문장들을 살펴보고 의미를 생각하며 읽어보자.

① I'm tired but I'm not hungry.

: 나는 피곤하지만 배가 고프지는 않다.

② It's nine o'clock. You're late again.

: 9시야. 너는 또 늦었구나.

③ Her younger brother is very tall. He's a policeman.

: 그녀의 남동생은 키가 아주 크다. 그는 경찰관이다.

④ They're not American. They're Australian.

: 그들은 미국 사람이 아니다. 그들은 호주 사람이다.

⑤ My mother isn't at home. She's at work.

: 저희 엄마는 집에 안 계세요. 회사에 계세요.

주어 I, It, You 그리고 They에 맞게 be 동사의 짝꿍을 적절히 사용했다. 그런데 회화에서는 be 동사를 축약형으로 쓰는 경우가 많다. 앞에서 기본형과 축약형을 모두 익혀두라고 한 것도 이 때문이다. 기본형은 물론 축약형까지 숙지해놓아야 자연스럽게 활용할 수 있다.

두 번째 문장처럼 시간을 말할 때는 일반적으로 주어를 'It'으로 쓴다. 이때

'It'은 '그것'이라는 뜻이나 어떠한 의미도 없다. 학창 시절 배운 문법 중에 '비인칭 주어'라는 용어가 혹시 기억나는가? 바로 이런 It의 쓰임을 말한다. '비인칭'은 말 그대로 인칭이 아니라는 뜻이므로 해석하지 않는다. 'What time is it now?'와 'It's nine o'clock.'에 쓰인 'it'은 모두 '비인칭 주어'이다. 참고로 시간을 말할 때 쓰는 o'clock은 9시, 10시처럼 무조건 정각을 가리킬 때만 사용한다. 9시 10분, 3시 45분 등의 시간에는 사용하지 않는다.

그 다음 문장은 주어가 Her younger brother로 He의 의미이므로 be 동사 is를 사용한다. 영어에서는 단어를 반복해서 말하는 것을 좋아하지 않는다. 그래서 처음에 Her younger brother is very tall이라고 한 다음 Her younger brother를 반복하지 않고 He라는 대명사로 표현했다. 이건 우리말도 같은데, "내 친구는 예뻐. 내 친구는 성격도 좋아"라고 하지 않고 "내 친구는 예뻐. 그 애는 성격도 좋아"라고 한다. 처음에 '내 친구'가 한 번 나왔으니 반복하지 않고 '그 애'로 대신 사용하는 것이다.

마지막 문장에서는 My mother이 She의 의미라서 is를 썼고, 다음 문장도 나의 엄마 이야기이기 때문에 My mother을 반복하지 않고 She라고 했다.

이제 문장 구조와 be 동사의 사용에 유의하여 원어민의 발음으로 이 문장들을 들어보자. 머릿속으로 힘들게 해석하려 하지 말고 말하는 동시에 문장의 뜻을 이해하려고 노력해야 한다.(QR)

정확히 이해했는지 확인하기 위해 문제를 풀어보자. 밑줄 친 부분에 들어갈 알맞은 be 동사는 무엇인가? am, are, is 중에서 고르면 된다. 기본적이지만 굉장히 중요한 be 동사의 문법 포인트다.

- This book _____ heavy.

- My husband and I _____ teachers.

정답은 is와 are이다. 그럼 이제 왜 그런지를 확인해보자.

- This book <u>is</u> heavy.

- My husband and I <u>are</u> teachers.

앞에서 설명한 대로 주어가 대명사일 때 be 동사의 짝꿍은 무조건 정해져 있다. 즉 주어에 'I' 대명사가 오면 be 동사는 'am'을 사용해야 하고, 'He'이면 'is', 그리고 'You'가 오면 'are'를 사용한다. 하지만 이렇게 대명사가 오지 않고 명사나 다른 어구가 주어 자리에 올 때는 반드시 단수인지 복수인지를 구분해야 한다. 주어가 단수(사람 한 명, 사물 한 개, 셀 수 없는 명사)일 때는 is를 사용하고, 복수(사람 여러 명, 물건 여러 개)일 때는 are를 사용한다. 그래서 이 문장을 분석하면 다음과 같다.

- <u>This book</u> is heavy.
  : 책이 한 권인 단수이므로 'is'를 사용한다.

- <u>My husband and I</u> are teachers.
  : 두 사람은 복수이므로 'are'를 사용한다.

예시 문장을 하나 더 살펴보자. 밑줄에 들어갈 be 동사를 예상해보라.

- My coffee _____ cold.

이 문장의 주어는 'My coffee'이다. 영어에는 셀 수 없는 명사들이 있는데, water나 coffee 같은 액체가 이에 속한다. 앞에서 셀 수 없는 명사는 단수에 속한다고 했으니 정답은 단수의 be 동사인 'is'가 된다. 그래서 이 문장의 완성형은 "My coffee is cold"이다.

다시 한 번 정리하면, 주어가 대명사일 때는 정해진 be 동사의 짝꿍을 사용한다. 대명사가 아닐 경우에는 주어가 단수인지 복수인지를 확인한 뒤 단수이면 'is'를 사용하고, 복수이면 'are'를 쓴다. 이 점에 유의하여 아래 문장들의 be 동사를 찾고, 읽는 연습까지 해보자.

연습문제

❶ I _____ not tired.

❷ The bags _____ heavy.

❸ Ann is at home, but James and Amy _____ at school.

❹ My sister _____ a nurse. My brothers _____ actors.

❺ The shops _____ not open today.

❻ This chocolate _____ not expensive.

❼ Your shoes _____ very dirty.

정답 ❶ am ❷ are ❸ are ❹ is, are ❺ are ❻ is ❼ are

⑤번 문장은 '그 가게들은 오늘 문을 열지 않았다'라는 의미로, 주어가 '그 가게들'이라는 복수이므로 The shops 뒤에 are를 사용하면 된다. 그런데 이 문장을 가지고 스피킹 연습을 해보면 today를 어디에 놓아야 할지 몰라 고민하는 엄마들이 많다. 이 문장의 핵심은 '그 가게들이 문을 열지 않았다'는 것이고, today는 시간을 나타내는 시간 부사다. 강조하는 경우가 아닌 이상 시간 부사는 문장의 마지막에 놓으면 된다.

⑥번도 엄마들이 많이 헷갈려 하는 문제다. 여기서 핵심은 chocolate이 셀 수 없는 명사라는 데 있다. chocolate이 왜 셀 수 없냐고? 이유는 간단하다. 녹기 때문이다. 영어에서는 이처럼 고체였다가 액체로 바뀌는(바뀔 수 있는) 물질을 셀 수 없는 명사로 취급한다. 여기 나오는 chocolate과 candy가 대표적인 예다. water나 coffee도 셀 수 없는 명사라고 앞에서 설명했다.

조금씩 감이 잡히는가? 앞의 문장들을 원어민의 발음으로 들으면 더 확실하게 익힐 수 있을 것이다.

이번에는 난이도를 높여 위에서 읽고 연습한 문장들을 직접 만들어볼 차례다. 문장의 뜻을 보고 영어로 먼저 말해본 다음 펜을 들어 쓰는 연습까지 할 것이다. 이 순서를 명심하라. 뜻을 보고 먼저 쓰는 것이 아니라 틀리더라도 입으로 먼저 소리 내어 문장을 말해본 뒤에 쓸 것이다. 우리는 지금 영어로 입을 떼기 위한 목표로 천천히 나아가고 있기 때문이다.

❶ 그들은 내 친구들이야. _____

❷ 9시야. 너는 또 늦었구나. _____

❸ 그녀의 남동생은 키가 아주 크다. 그는 경찰관이야. _____

❹ 나의 엄마는 집에 안 계세요. 직장에 계세요. _____

❺ 제 남편과 저는 선생님이에요. _____

❻ 제 커피가 차가워요. _____

❼ 이 초콜릿은 비싸지 않아요. _____

❽ 나는 피곤해요. _____

❾ 내 언니는 간호사야. 내 오빠들은 배우야. _____

❿ 네 아이들은 학교에 있다. _____

정답 ❶ They're my friends. ❷ It's 9 (nine) o'clock. You're late again. ❸ Her younger brother is very tall. He's a policeman. ❹ My mother isn't at home. She's at work. ❺ My husband and I are teachers. ❻ My coffee is cold. ❼ This chocolate is not expensive. ❽ I'm tired. ❾ My sister is a nurse. My brothers are actors. ❿ Your children are at school.

해설

③번과 ⑨번 문장에 나오는 sister, brother는 '언니, 누나, 여동생', '형, 오빠, 남동생'을 모두 일컫는다. 나이가 더 많거나 적은 형제, 자매라는 걸 좀 더 정확하게 표현하고 싶을 때는 'younger'나 'elder'를 사용하면 된다. My sister라고 하는 것보다 'My elder sister'나 'My younger sister'라고 하면 '누나, 언니' 혹은 '여동생'을 정확히 표현할 수 있다. 물론 나의 가족 관계를 이미 알고 있는 사람에게는 'My sister'나 'My brother'로만 표현해도 충분하다.

⑩번 문장에서 실수를 유발하는 단어는 'children'이다. 여기서는 'child'와 'children'의 차이를 정확하게 알아야 실수하지 않는다. 셀 수 있는 명사의 단수는 부정관사 a / an을 사용하고 그 뒤에 명사를 붙인다. 'a table', 'an email', 'a student'처럼 말이다. 부정관사 a(an)은 '하나의'라는 뜻으로, 이 단수형이 복수형으로 바뀔 때는 부정관사 a(an)이 빠진다. 두 개 이상이기 때문이다. 그리고 우리가 아는 것처럼 명사에 '-s(-es)'가 붙어 복수형을 나타낸다.

단수	복수
a table	tables
an e-mail	e-mails
a student	students

그런데 이 규칙을 따르지 않고 불규칙하게 단수형에서 복수형이 되는 몇몇 경우가 있다. 그중 대표적인 것이 바로 'child'와 'children'이다. 'child'는 단수형이다. 그래서 'a child'로 쓴다. 이것을 가지고 문장을 만들어보면,

- 나는 아이가 한 명 있어요. → I have a child. / I have one child.
- 저는 외동이에요 → I am an only child.(나는 유일한 한 명의 아이라는 의미)

아이가 한 명이라는 의미로 둘 다 'a child'를 사용했다. 그런데 복수형인 '아이들'로 바뀌면 얘기가 달라진다. 'a child'였던 단수가 복수인 '아이들'이 되면서 'children'이 된다. 'child'와 'children'의 사용은 수업 중 실제로 엄마들이 자주 범하는 실수 중에 하나다. 정리하면 다음과 같다.

- 아이가 한 명일 때

I have one children.(X) → I have a (혹은 one) child.(O)

- 아이가 두 명 이상일 때

I have two child.(X) / I have two childrens.(X) → I have two children.(O)

이렇게 단수와 복수가 불규칙하게 변하는 경우는 많지 않으므로 자주 나오는 명사들을 잘 기억해두면 편하다.

단수	복수
a child(아이 한 명)	children(아이들)
a person(사람 한 명)	people(사람들)
a man(남자, 사람 한 명)	men(남자들, 사람들)
a woman(여자 한 명)	women(여자들)
a tooth(치아 한 개)	teeth(치아 여러 개)

다시 ⑩번으로 돌아가서 이 문장의 주어는 'Your children'이므로 '너의 아이들'이라는 의미가 된다. 아이가 한 명이 아닌 복수이므로 이 문장에 들어갈 적절한 be 동사는 'are'이다.

쉽지 않겠지만 답을 쓰기 전에 문장을 만들어 입 밖으로 소리 내보자. 한 번에 되지 않는다고 좌절할 필요는 없다. 여러 번 반복해야 조금씩 감이 잡히고 머릿속에 문장이 만들어진다.

다음 챕터로 넘어가기 전에 조금 전 언급한 부정관사 'a'와 'an'의 차이를 잠깐 설명하려고 한다. 이를 위해서는 '부정관사'라는 용어의 뜻을 먼저 이해해야 한다.

부정관사에서 '부정'은 말 그대로 '정해지지 않았다'는 뜻이다. 즉 뒤에 나오는 명사가 구체적인 사물을 말하는 것이 아닌 불특정한 사물을 지칭한다고 생각하면 된다. 쉽게 말해 '부정관사'는 a와 an을 말하며, '하나의', '어느'라는 뜻을 가진다. 뜻은 같지만 뒤에 오는 명사가 모음으로 시작하느냐, 자음으로 시작하느냐에 따라 a를 쓰거나 an을 쓴다. 명사의 첫 발음이 자음으로 시작하면 a를 쓰고, 첫 발음이 모음으로 시작하면 an을 쓴다.

부정관사 a / an

- a + 첫 발음이 자음으로 시작하는 명사(예: a pen, a book, a car, a school 등)
- an + 첫 발음이 모음으로 시작하는 명사(예: an animal, an email, an umbrella 등)

여기까지 따라왔으면 부정관사의 80%를 이해한 것이다. 역시나 이번에도 나머지 20%가 우리를 혼란스럽게 한다. 위의 규칙을 정리한 부분을 보면 첫 스펠링이 자음이냐 모음이냐가 아니라 '첫 발음'이 자음이냐 모음이냐에 따라 a와 an의 사용이 달라진다고 되어 있다. 이 부분이 핵심이다. 대부분 스펠링과 발음이 같은 자음, 모음 소리를 내는 만큼 80%는 맞지만 그렇지 않은 경우도 있다.

- an umbrella
- a university

umbrella와 university 둘 다 철자 상으로는 모음 'u'로 시작한다. 그러나 두 단어를 발음해보면 첫 소리가 다르다. 단어의 첫 발음 기호를 써 보면 다음과 같다.

umbrella	**university**
[ʌ] : 모음 발음	[j] : 자음 발음
→ an umbrella	→ a university

umbrella의 [ʌ ; 어]는 모음 소리이므로 부정관사 an을 사용하고, university의 [ju ; 유]는 발음 기호 [j]이므로 자음이다. 즉 철자 상으로는 모음이지만 발음상으로는 모음이 아니므로 an university가 아니라 a university가 된다. 'h 묵음'에서 배운 단어를 가지고 더 예를 들어 설명한다.

• an hour → [a]

: 첫 철자 h가 묵음으로 첫 발음이 [a]이기 때문에 '한 시간'은 an hour다.

• an FM radio program → [e]

: FM이 약자이긴 하지만 이 경우에는 철자가 아닌 발음으로 생각해야 한다.

첫 발음이 완전한 모음인 [e ; 에]이므로 'a'가 아니라 'an'을 쓰는 게 맞다.

• a European country → [j]

: European(유럽의)은 Europe(유럽)에서 변형된 형용사이다. 그래서 '유럽의 한 나라'를 의미할 때는 a가 맞다. European의 첫 발음 역시 [ju :유]로 자음 소리이기 때문이다. 철자만 보고 E로 시작하니까 an이라고 생각하면 안 된다.

영어를 시작해서 회화를 하다 보면 이렇게 자연스럽게 문법을 접할 수밖에 없다. 이건 모든 언어의 공통점으로, 요즘 K-culture(K-문화)의 영향력이 막강해지면서 우리말을 배우는 외국인들이 많아지고 있다. 한국말을 잘하는 외국인들을 보면 그들도 우리말의 문법을 정말 열심히 공부하는 것을 볼 수 있다. 그리고 엄밀히 말하면, 우리말 문법이 영어보다 훨씬 어렵다. 우리말을 하면서 문장 순서나 조사 등은 다 무시하고 단어로만 나열하는 외국인과 대화를 하면 이해하기가 쉽지 않고 피곤하다는 생각까지 들 것이다.

그렇다고 예전처럼 문법만 따로 배우는 방법은 효율적이지 않다. 회화를 하면서 막히거나 이해되지 않는 않은 부분의 설명을 들으면 회화도 쉬워지고 해당 문법도 머릿속에 쏙쏙 들어온다. 이렇게 가벼운 마음으로 회화와 문법을 익히면 된다.

03

이 문장을
의문문으로 바꾸라고요?

be 동사가 들어 있는 문장을 의문문으로 바꾸기

앞의 챕터에서 be 동사가 들어간 기본 평서문과 부정문을 확실하게 이해했다면 이번에 배울 의문문도 크게 어렵지 않을 것이다. 그러므로 스스로 생각하여 아직 충분히 준비되지 않았다는 판단이 든다면 앞으로 돌아가 다시 한 번 꼼꼼히 짚어보고 시작하길 바란다. 평서문을 구성하는 것이 어려운 상태에서는 의문문을 만들기가 쉽지 않기 때문이다. 그럼 지금부터 be 동사가 들어 있는 문장을 의문문으로 바꾸는 방법에 대해 설명한다. 그 전에 평서문을 의문문으로 바꿔 놓은 다음의 표를 정확하게 기억해두라.

Am	I	?
Is	he	?
	she	
	it	
Are	we	?
	you	
	they	

　먼저 앞에 나왔던 문장 하나를 제시한다. '그 가게들은 오늘 문을 열었다(열린 상태)'라는 뜻의 문장이다.

- The shops are open today.

　이제 이 평서문을 '그 가게들은 오늘 문을 열었니?'라는 의문문으로 바꿀 것이다. 벌써 머릿속이 뒤죽박죽 뒤섞이는 소리가 난다. 이해된다. 어렵게 느끼는 이유는 간단하다. 우리말 문장을 머리에 띄워놓고 그걸 영어로 바꾸려 하기 때문이다. 하지만 방법은 의외로 간단하다. 평서문을 의문문으로 바꿀 때는 딱 하나만 기억하면 된다. 무조건 주어와 be 동사의 순서를 바꾸면 된다. 나머지 순서는 그대로다. 문장을 예로 들어 설명한다.

- The shops   are   open   today. →   Are   the shops   open   today?
  주어   be 동사   형용사   시간부사   be 동사   주어

평서문의 주어였던 'The shops'와 be 동사였던 'are'의 순서만 바꿔 의문문으로 만들었다. 이것만으로는 감이 잡히지 않을 것이다. 다른 문장들을 가지고 더 연습해보자.

- They are my friends. 그들은 내 친구이다.
  → Are they my friends? 그들은 내 친구인가?

- It's nine o'clock. You're late again! 9시야. 너는 또 늦었구나
  → Is it nine o'clock? Are you late again? 9시니? 너 또 늦은 거니?

- Her younger brother is very tall. 그녀의 남동생은 키가 아주 크다.
  → Is her younger brother very tall? 그녀의 남동생은 키가 아주 큰가요?

나는 수업 중에 의문문 연습을 굉장히 강조하는 편이고, 또 많이 한다. 의문문을 잘 구사할수록 원어민과 조금 더 길게 대화할 수 있고, 대화 수준도 높아지기 때문이다. 잔뜩 긴장한 상태에서 간신히 "Yes"나 "No"로 대답하는 것이 아닌 진짜 대화 말이다.

사실 대화 중에 상대에게 궁금한 것이 있어도 하지 못하는 이유는 의문문을 제대로 만들지 못하기 때문이다. 하지만 바로 앞에서 설명했듯이 의문문의 문장 구조는 결코 복잡하지 않다. 지금 우리가 연습하는 be 동사가 포함된 문장 정도만 확실하게 해두어도 꽤 긴 대화를 나눌 수 있다. 그리고 확신하건대, 경험이 쌓이면서 영어 공부를 꾸준히 한 성취감을 느끼게 되고 영어 공부를 더 열심히 할 수 있는 동기 부여가 된다. 동기만큼 우리를 앞으로 나아가게 하는 힘은 없기 때문이다. 그리고 여기까지 온 것만으로도 당신은 이미 대단하다. 본격적으로 평서문을 의문문으로 만드는 연습을 해보자. 쓰기 전에 무조건 말하기가 먼저다.

연습문제

❶ 너의 엄마는 집에 계시구나. 엄마는 피곤하셔. → 너의 엄마는 집에 계시니? 그녀는 피곤하니?
❷ 당신의 남편과 당신은 선생님이에요. → 당신의 남편과 당신은 선생님이에요?
❸ 이 커피는 차갑다. → 이 커피는 차갑니?
❹ 그 초콜릿은 비싸지 않다. → 그 초콜릿은 비싸니?
❺ 너의 아이들은 학교에 있다. → 너의 아이들은 학교에 있니?
❻ 나는 늦었어요. → 내가 늦었나?

정답
❶ Your mother is at home. She's tired. → Is your mother at home? Is she tired?
❷ Your husband and you are teachers. → Are your husband and you teachers?
❸ This coffee is cold → Is this coffee cold?
❹ The chocolate isn't expensive. → Is the chocolate expensive?
❺ Your children are at school. → Are your children at school?
❻ I'm late. → Am I late?

의문사가 들어 있는 문장의 의문문

지금까지는 모두 Yes나 No로 답할 수 있는 질문들을 예시로 들었다. 이제부터는 의문사가 있는 의문문을 만들어볼 것이다. 그러기 위해서는 의문사의 뜻을 먼저 이해해야 한다. 의문사는 우리가 잘 알고 있는 What(무엇), When(언제), Where(어디에서), Who(누가), Why(왜), How(어떻게)를 말한다. Which(어느 것, 어느~)와 How+형용사, 부사(How much, How old 등)도 의문사에 포함된다. 말하려는 의도에 따라 알맞은 의문사를 선택해서 사용하면 되고, 역시나 나머지 어순은 동일하다. 여기서는 be 동사가 있는 문장을 의문사로 만들고 말하기 연습까지 해볼 것이다. 먼저 다음 문장을 영어로 말해보자.

- 그는 화가 났어. →
- 그는 화가 났니? →
- 그는 왜 화가 났니? →

이렇게 3단계에 걸쳐 연습하면 문장 구조가 더 확실하게 이해된다. 먼저 '그는 화가 났어'는 평서문으로 'He is angry'라고 쓸 수 있다. 이것을 의문문으로 바꾸면 주어 He와 be 동사의 자리만 바꾸면 되니 'Is he angry?'가 된다. 이제 마지막으로 '그는 왜 화가 났니?'를 영어 문장으로 만들 건데, 여기서는 '왜?'라는 뜻의 의문사 'Why'가 필요하다. 나머지는 그대로라고 했으니 두 번째 의문문 'Is he angry?' 앞에 의문사 'Why'만 넣으면 완성이다. 이렇게 해서 문장을 완성하면 "Why is he angry?"가 된다.

처음 해본 만큼 아직 감이 잡히지 않을 것이다. 다른 문장을 가지고 더 연습해보자.

- 그 가게는 오늘 문을 연다. →
- 그 가게는 오늘 문을 여니? →
- 그 가게는 오늘 언제 문을 여니? →

첫 번째 평서문은 'The shop is open today'다. 이 문장을 의문문으로 바꾸면 be 동사가 앞으로 나오므로 'Is the shop open today?'가 된다. 의문문에는 '언제'라는 뜻을 가진 의문사 'When'을 넣으면 된다. 두 번째 의문문 앞에 When을 넣어 전체 문장을 완성하면 "When is the shop open today?"가 된다.

여기서 한 가지 기억하고 넘어갈 포인트가 있다. 질문을 의문사로 시작하든, 하지 않든 be 동사부터 시작하는 문장의 어순에는 전혀 지장을 주지 않는다는 점이다.

- Is the shop open today?
  - → When is the shop open today?
  - → Why is the shop open today?

- Are you angry?
  - → Why are you angry?

그러니 의문사로 질문을 시작한다고 해서 복잡하게 생각할 필요가 없다. be 동사가 있는 문장은 의문사 다음에 'be 동사+ 주어~'가 그대로 오면 된다. 흔한 의문문을 예로 들어 설명하면 다음과 같다.

- Who are you?
- What are you doing?
- How old are you?

의문사 Who, What, How old 다음에 You are의 순서만 바뀌었다. 의문문이기 때문이다. 이 규칙만 지키면 응용 문장도 얼마든지 만들 수 있다. 이제 몇 가지 문장으로 더 연습해보자. 여기서 어떤 be 동사를 사용할지는 스스로 정해서 넣어야 한다.

연습문제

예 (your parents/ where / ?) → Where are your parents?
(at work / Linda / ?) → Is Linda at work?

❶ (interesting / this movie / ?) → _____
❷ (Joe / How old / ?) → _____
❸ (near here / the bakery / ?) → _____
❹ (they / where / from / ?) → _____
❺ (this woman / who / ?) → _____

정답 ❶ Is this movie interesting? ❷ How old is Joe? ❸ Is the bakery near here? ❹ Where are they from? ❺ Who is this woman?

이 지점에서 많은 분들이 어려움을 호소한다. 어느 단어를 보고 be 동사의 단수와 복수를 결정해야 할지 모르겠다는 것이다. 문장의 주어를 바로 찾아내는 게 어렵다는 뜻이다. 그러나 찬찬히 들여다보면 문장의 주어를 찾는 일은 그리 어렵지 않다. 앞에 나온 'Where are your parents?'를 예로 들면, 부모님은 두 분이기 때문에 부모님을 의미하는 parents는 항상 -s가 되고 복수로 취급한다.(두 분 중 한 분이 돌아가셨어도 마찬가지다.)

문장에서 괄호 속 단어들을 보면 의문사 Where와 연결되는 주어는 'your parents'이므로 Where 다음에 be 동사 'are'가 오면 된다. 그리고 두 번째 예문의 'at work'와 'Linda' 중에 주어는 'at work'가 아니라 사람인 'Linda'가 될 수밖에 없다. 그래서 be 동사 is를 쓴 것이다.

①번에서 주어진 단어 중에 interesting(흥미로운, 재미있는)한지 물어보는 것은 'this movie'이다. 그러므로 이 문장의 주어는 'this movie'이며, 그에 맞춰 be 동사 is를 썼다. 의문문이므로 어순은 무조건 be 동사가 먼저, 그 다음이 주어이다. 정답을 평서문으로 바꿔 '이 영화는 재미있어'로 만들면 다시 '주어+be 동사'로 돌아가 'This movie is interesting'이 된다.

②번에는 의문사(How old)가 포함되어 있다. 의문사 'How old'가 들어가면 '몇 살'이냐고 묻는 것이 되고, 그 대상(주어)은 Joe가 된다. Joe에 맞춰 be 동사를 결정하면 Joe라는 남자 한 명을 말하므로 is가 필요하다. 그런 다음 우리가 배운 어순대로 배열하면 'How old is Joe?'가 된다.

③에서 'near here'의 뜻은 '이 근처'이고, 'the bakery'는 '빵집'이다. 그럼 이 문장에서 주어는 '이 근처'일까? '빵집'일까? 답은 빵집이다. '빵집이 이 근처

에 있나요?'가 맞다 '이 근처'라는 표현은 주어가 될 수 없다. '이 근처는 빵집이 니?'라는 말은 그냥 보아도 이상하지 않은가? 그러므로 주어는 'the bakery'이 고, 그 빵집 한 군데를 말하므로 단수 be 동사 is를 쓴다. 완성하면 'Is the bakery near here?'가 된다.

④번 '당신은 어디서 왔나요?', '당신은 어디 출신인가요?'는 입에서 술술 나오는 영어 문장이다. 'Where are you from?' 그런데 이를 조금만 응용해서 '그들은 어디에서 왔어요?'를 만들어보라고 하면 많은 분들이 당황한다. 하지만 문장 순서대로 차근차근 생각하면 어렵지 않다. '그들은(They)' '어디에서(Where)' 왔는지 물어보는 것이므로 'Where are they from?'이 된다.

⑤번에서 의문사 'Who'에 대해 누구인지 궁금한 것은 '이 여자 this woman' 이다. 'This woman'은 여자 한 명을 말하니 be 동사 is가 필요하다. 이 질문은 그래서 'Who is this woman?'으로 완성된다.

04

회화에서 은근히 발목을 잡는
소유격의 기초

소유하니까 소유격이라고 해요

주어, 동사, 목적어, 주격, 소유격, 목적격······.

학창시절 우리를 애먹이던 용어들이다. be 동사를 공부하면서 이 중 주어와 동사는 다시 배웠다. 이제부터는 주격과 소유격에 대해 공부할 것이다. 시작에 앞서 주격, 소유격, 목적격에 붙는 '격'의 의미를 먼저 이해하고 넘어가자.

'격'이라는 용어는 대명사에 한정해서 사용된다. 즉 '나'를 말하는 경우 항상 대명사 'I'가 문장에서 주어 역할을 하므로 이 대명사 'I'를 주격 대명사라고 한다. 남자 한 명을 일컫는 대명사 'he' 역시 '그는, 그가'라는 의미로 문장에서 주어 역할을 하므로 역시 주격이 된다. 반면 나를 이르는 단어지만 '나는, 내가'라는 뜻이 아닌 '나의'라는 격으로 사용될 경우에는 소유격이 된다. 주격 대명사는 문장에서 주어 역할을 하지만 소유격은 절대 혼자서는 사용될 수 없다. 의미 자체가 '나의', '너의', '그녀의'이기 때문이다 그래서 소유격 뒤에는 반드시 명사가 따라와야 한다. 'my car(나의 자동차)', 'your mother(너의 엄마)' 식으로 말이다.

주격 (대명사가 문장에서 주어 역할, ~은, 는, 이, 가)	소유격 (대명사가 문장에서 소유를 알려주는 역할, ~의)
I	my
he	his
she	her
it	its
we	our
you	your
they	their

주격은 문장의 주어로 많이 봐온지라 어렵지 않을 테지만 소유격은 조금 어려울 수 있다. 이 중 유독 실수가 많은 것이 '그녀의'라는 뜻을 가진 her이다. '우리의'라는 뜻을 가진 our도 신경 써서 기억해야 한다.

하나만 더 설명하면, '그것의'라는 의미를 가진 it의 소유격 its를 it's와 혼동하는 경우가 종종 있다. 하지만 its와 It's는 엄연히 다르다. 구분하면 its는 it의 소유격으로 '그것의'라는 뜻을 가지며 뒤에 명사가 따라온다. 반면 It's는 It is 또는 It has의 축약형이다.

소유격은 말 그대로 '소유'를 나타낸다. 물건이 무언가를 소유할 수는 없으므로 its의 소유격은 동물을 일컫는 경우가 많다. 예를 들어 its dinner의 경우 dinner를 소유하려면 주체가 살아 있는 생물이어야 한다. 그러니 동물일 수밖에 없다. 사람에게는 its를 사용하지 않고, 남자이면 his, 여자이면 her를 사용할 것이기 때문이다.

주격과 소유격을 정리해놓은 앞의 표를 보며 단어들을 읽어보고 의미를 잘 기억하자. 그런 다음 아래에 나오는 문제를 풀어보면 도움이 될 것이다.

연습문제

예 나의 차 → my car

❶ 그의 꿈 → _____

❷ 우리의 마당 → _____

❸ 그녀의 이름 → _____

❹ 그것의 점심밥 → _____

❺ 나의 아파트 → _____

❻ 우리의 숙제 → _____

❼ 그의 컴퓨터들 → _____

❽ 그녀의 고양이 → _____

❾ 그들의 옷 → _____

정답
❶ his dream ❷ our yard ❸ her name ❹ its lunch ❺ my apartment
❻ our homework ❼ his computers ❽ her cat ❾ their clothes

소유격을 사용하여 영어 문장 만들기

소유격의 의미를 익히고 그것을 이용해서 명사와 결합하는 연습을 했다. 이제 한 발 더 나아가 영어 문장을 만들어보고 읽는 연습을 할 것이다.

- 너의 아파트는 어디니?

이 문장을 머릿속으로 만들어보라. 일단 '너의 아파트'를 의미하는 'your apartment'가 가장 먼저 떠올라야 한다. 장소가 어디인지 묻고 있으니 다음으로는 의문사 'Where'이 떠올라야 한다. 이제 적절한 be 동사를 넣으면 위의 문장을 완성할 수 있다.

자, 이 단계에서 답이 두 가지로 나뉜다. 하나는 'Where are your apartment?'이고 다른 하나는 'Where is your apartment?'이다. 정답은 무엇일까? 그리고 당신이 생각한 문장은 무엇인가?

정답은 'Where is your apartment?'이다. 그럼 'Where are your apartment?'는 틀린 문장이라는 건데 왜일까? 그 이유를 이해하는 것이 소유격의 핵심이다.

일단 '너의 아파트'인 'your apartment'부터 보자. 여기서 화자가 위치를 확인하고 싶은 건 'you'일까? 'apartment'일까? 맞다. 여기서 핵심 단어는 'apartment'이다. 소유격인 'your'의 역할은 말하는 사람이 이야기하고 싶은 'apartment'의 소유자가 누구인지 설명해주는 것이다. 즉 내가 말하고 있는 'apartment'를 소유한 사람은 'you'이므로 'your aparment(너의 아파트)'가 된다.

그럼 다시 문장으로 되돌아가 의문사 Where 다음에 be 동사를 결정할 때

'your'를 보고 'you'라고 생각해서 'are'를 넣는 것이 맞을까? 아니면 'apartment'는 하나니까 be 동사 'is'가 맞을까? 답은, 소유격인 'your'가 아닌 그 뒤에 있는 명사를 보고 단수인지 복수인지를 결정하면 된다.

여기까지 이해했다면 이제 다음 문장과 비교해보자.

• Where are you?

위의 두 문장은 아예 다르다. 첫 번째 문장은 'apartment'가 어디 있는지 물어보고 두 번째 문장은 'you'가 어디 있는지 를 묻고 있기 때문이다. 두 문장을 보며 왜 다른 be 동사가 쓰이는지 설명할 수 있어야 한다. 핵심을 다시 한 번 정리하면, 소유격은 '~의'라는 뜻을 가지므로 뒤에 반드시 명사가 따라온다.

소유격 + 명사
my   cars

이때 핵심 단어는 '나의(my)'가 아니라 '자동차들(cars)'이다. 그러므로 이를 사용해서 문장을 만들 때는 'my'를 보고 be 동사를 결정하는 것이 아니라 'cars'를 보고 복수의 be 동사 'are'를 택해야 한다.

그럼 이제 본격적으로 소유격이 포함된 문장 만들기 연습을 해보자. 다음 문장들을 보며 밑줄 친 부분을 먼저 말하는 연습을 할 것이다. 그런 다음 올바른 문장으로 말해보고 마지막에 답을 써보자.

예 너의 아파트는 어디니?
: 'your apartment' → Where is your apartment?

❶ 내 남편은 잘생겼어요.
:

❷ 너의 숙제가 뭐야?
:

❸ 그녀의 이름은 무엇인가요?
:

❹ 나의 친구들은 어디 있지?
:

❺ 그들의 친구는 몇 살이죠?
:

❻ 그의 생일은 언제인가요?
:

❼ 너희들의 선생님은 누구시니?
:

❽ 우리 고양이는 어디 있어?
:

❾ 그의 마당에는 무엇이 있지?
:

정답 ❶ my husband → My husband is handsome. ❷ your homework → What's your homework? ❸ her name → What's her name? ❹ my friends → Where are my friends? ❺ their friend → How old is their friend? ❻ his birthday → When is his birthday? ❼ your teacher → Who is your teacher? ❽ our cat → Where is our cat? ❾ his yard → What is in his yard?

① '내 남편'이라고 썼지만 정확한 의미는 소유격 '나의 남편'이다. 그러므로 밑줄 친 부분은 'my husband'가 된다. 여기서 '남편'을 의미하는 'husband'는 [ˈhʌzbənd ; 허즈번드]로 발음한다. 절대 [허즈밴드]가 아니다. 내 남편은 한 명, 즉 단수이므로 be 동사는 is를 사용한다. 이렇게 해서 완성하면 'My husband is handsome'가 된다.

② '너의 숙제'는 you의 소유격인 'your'을 사용해 'your homework'가 된다. '너의 숙제가 뭐야?'라고 물었으니 의문사 'What'으로 시작한다. 이제 be 동사를 골라야 하므로 단수인지 복수인지를 따져봐야 한다. 여기서는 'homework(숙제)'라는 단어를 이해하는 것이 중요하다. 영어에서 'homework'는 아무리 많다고 해도 항상 그날의 숙제, 즉 '단수'로 생각하면 된다. 달리 말하면 'homeworks'라는 복수 표현은 없다. 그러므로 답은 'What is your homework?'가 된다.

③ 소유격 연습을 하다 보면 '그녀의'라는 소유격을 'she's'로 오해하시는 분들이 종종 있다. 주격인 '그녀는, 그녀가'가 'she'이니 여기에 's를 붙여 'she's'라고 하면 소유격이 된다고 생각하기 때문이다. 다시 한 번 정확하게 구분하면 he's는 he is(그는 ~이다)의 축약이고, 'his(그의)'가 소유격이다. 마찬가지로 she's는 she is(그녀는 ~이다)의 축약이고, 소유격은 'her(그녀의)'이다.

④ '나의 친구들'은 복수의 표현이다. '친구들'은 'friends'이기 때문이다. 그러므로 be 동사도 복수에 해당하는 are를 사용해서 'Where are my friends?'라고 해야 한다.

⑤ 많이 실수하는 문장이다. '그들의 친구'라는 표현 때문이다. '그들의 친구'

는 'their friend'이다. '그들의 친구들'이 아니기 때문에 'their friends'라고 해서는 안 된다. 그 다음 be 동사의 단수와 복수를 결정해야 하는데, 이 부분이 혼란스럽다. '그들의 친구는 몇 살이죠?'라고 나이를 물었으니 의문사 'How old'로 시작하면 된다. 그 다음에 들어간 be 동사는 is일까? are일까? 정답은 'How old is their friend?'이다. 몇 살인지 질문하는 주어가 '그들의'가 아니라 '그들의 친구'이기 때문이다. 그리고 지금 질문하는 친구는 한 명이다. 그러므로 단수 be 동사 'is'가 들어가야 맞다. '그들은 몇 살이야?'라는 질문이었다면 'How old are they?'가 맞고, '그들의 친구들은 몇 살이야?'라고 묻는다면 'How old are their friends?'가 된다. 이때는 몇 살이냐고 질문하는 주어가 '그들(they)'이고, '그들의 친구들(their friends)'이기 때문이다.

⑥ '그의 생일'은 'his birthday'이다. 그리고 생일은 하루이므로 단수 be 동사 is를 사용해서 'When is his birthday?'가 된다.

⑦ 이 문제 또한 많이 틀리는 문장이다. 바로 '너희들의'라는 표현 때문이다. 앞에서 'you'에는 두 가지 뜻이 있다고 했다. '너, 당신'이라는 단수의 의미와 '너희들, 당신들'이라는 복수의 의미다. 이는 상황을 보면 쉽게 구별 가능하다. 나와 대화 중인 상대가 한 명일 때의 you는 당연히 '너, 당신'이라는 의미다. 그러나 학교나 학원에서 선생님이 학생들을 향해 "Are you ready?(준비됐어요?)"라고 했을 경우의 you는 '너희들'이 된다. 이 문제에서도 '너희들의 선생님'이므로 'your teacher'가 된다. 그럼 '너의 선생님'은? 맞다. 'your teacher'이다. 'you'가 두 가지 뜻을 가지므로 소유격인 'your' 역시 '너의'와 '너희들의'라는 두 가지 의미를 갖는다.

이 문제에서 두 번째로 헷갈리는 부분은 '너희들의 선생님'을 보고 be 동사를 결정하는 것이다. ④번과 마찬가지로 '너희들의'를 보고 복수라고 생각할 수 있는데, 이 질문에서 누구인지 궁금한 주어는 '너희들'이 아니라 '너희들의 선생님' 한 분이다. 그래서 정답은 'Who is your teacher?'가 된다.

⑧ '우리 고양이'는 '우리의 고양이(our cat)'다. 소유격 '우리의'도 은근히 많이 실수하는 소유격 표현이다. '우리의 고양이'는 'our cat'이고, '우리 집'은 'our house'이다. 마찬가지로 이 문장에서 '우리 고양이'는 한 마리이므로 단수 be 동사 is를 써서 'Where is our cat?'이 된다.

⑨ 이제 '그의 마당'은 어렵지 않게 'his yard'로 만들 수 있을 것이다. '마당'이라는 단어를 잘 몰랐다면 지금부터 정확하게 기억하면 된다. 이 단계에서 많은 분들이 정답을 'What is his yard?'라고 말한다. 하지만 이렇게 하면 원래 의도한 질문인 '그의 마당에는 뭐가 있어?'가 아닌 '그의 마당은 뭐야?'라는 뜻이된다. '그의 마당에는 뭐가 있어?'라는 질문을 좀 더 친절하게 풀어서 설명하면 '그의 마당 안에는 무엇이 있어?'가 된다. 여기서 공간을 나타내는 전치사 'in'이 필요하다. 그래서 '그의 마당 안에는 무엇이 있어?'는 'What is in his yard?'가 되는 것이다.

05

현재 진행형에는
~ing를 붙이면 되는 거죠?

be 동사 +~ing를 기억하세요

아래의 그림을 보며 영어로 어떻게 묘사하면 좋을지 생각해보자.

귀여운 아이들이 눈을 맞으며 놀고 있다. '지금 눈이 오고 있고' 아이들은 '지금 눈을 맞으며 놀고 있다.' 이럴 때 사용하는 것이 '현재 진행형' 시제이다. 오랫동안 수업을 하며 경험한 건데, 영어와 전혀 친하지 않은 학창 시절을 보낸 분들도 이상하게 '현재 진행형'만큼은 기억하고 있다.

'현재 진행형'은 말 그대로 '지금 현재' 무언가를 진행하고 있거나 어떤 일이 진행 중일 때 쓰는 시제이다. 영어로는 present continuous tense라고 한다. 이런 문법 용어의 영어 단어를 외울 필요는 없다. 앞으로 영어를 계속 공부하다 보면 자연스럽게 눈에 들어올 테니 말이다. 의미를 조금 부연하면 다음과 같다.

present	continuous	tense
현재, 현재의	계속되는	시제

다소 어려워 보이는 continuous라는 단어의 기본형은 '계속하다'라는 의미를 가진 동사 continue이다. 여기에 ous가 붙어 '계속되는'이라는 의미의 형용사 continuous가 되었다.

continue(동사) + -ous = continuous(형용사)

그렇다면 '현재 진행형' 문장은 어떻게 만들까? 그리고 시제가 '현재 진행형'인지는 어떻게 알 수 있을까? 우리는 답을 알고 있다. "~ing". 현재 진행형은 '~ing'라고 배웠고, 다른 건 몰라도 이것은 기억하고 있기 때문이다. 그런데 이 답은 절반만 맞다. 완벽하게 맞으려면 '현재 진행형' 시제 ~ing 앞에는 반드시 be 동사가 온다는 규칙까지 알고 있어야 한다. 그래서 다시 정리하면 이렇게 된다.

be 동사 + ~~ing

지금부터 현재 진행형은 단순히 '~ing'가 아니라 'be 동사+~ing'로 외워두길 바란다. 이제 다시 처음 그림으로 돌아가 현재 진행형으로 나타내보면, 눈이 오고 있으니 'snow'에 ing를 붙이면 되고, 아이들이 눈 속에서 놀고 있으니 동사 'play(놀다)'에 ing를 붙이면 된다.

- It is snowing. 눈이 오고 있습니다.
  → be + ~ing

- Children are playing in the snow. 아이들이 눈 속에서 놀고 있습니다.
  → be + ~ing

여기서 잠깐, 날씨를 표현할 때는 시간과 마찬가지로 비인칭 주어 It을 사용한다. 비인칭 주어란 인칭이 없다는 뜻이라고 앞에서 설명했다. 시간을 물어보는 'What time is it?'에서 it, 시간을 답하는 'It's 5 o'lock'에서 It'은 둘 다 주어이지만 뜻은 없다. 이처럼 비인칭 주어는 시간이나 요일, 날씨, 거리 등을 나타낼 때 쓰이며, 사용 빈도도 높은 편이다.

274

I	am (not)	~ing
He		
she	is (not)	~ing
It		
We		
You	are (not)	~ing
They		

기본적인 현재 진행 시제 형태를 정리한 표다. 주어(인칭, 단수 혹은 복수)에 맞춰 알맞은 be 동사를 선택한 다음 ~ing을 붙이면 된다. 여기서 명심할 것은, 평서문 형태로 현재 진행형을 말할 때는 반드시 be 동사와 ~ing가 붙어 있어야 한다. 예를 들어 'Tom is playing soccer'라는 문장의 해석을 헷갈리는 사람은 많지 않다. '톰이 축구를 하고 있다'이다. 그런데 문장의 뜻을 들려주고 영어로 말해보라고 하면 얘기가 달라진다. 희한하게도 'Tom is soccer playing'이라고 하는 분들이 의외로 많다. 왜일까? 우리말로 먼저 생각하고 영어로 옮기기 때문이다.

방법은 간단하다. 방금 강조한 대로 'be 동사+~ing'가 항상 붙어 다닌다고 생각하면 된다. 스포츠 경기를 할 때는 동사 play를 쓰므로 'Tom is playing-'까지가 하나의 덩어리다. 그 뒤에 어떤 운동인지를 넣으면 문장이 완성된다. 'Tom is playing soccer, You are playing baseball, My sons are playing basketball' 이런 식으로 말이다.

하나만 더 예를 들면 다음에 나오는 문장은 과연 옳은 문장일까? 틀린 문장일까?

- 나는 영어를 공부하고 있다.
  : I'm English studying.

그렇다. 틀린 문장이다. be 동사 am과 studying이 떨어져 있기 때문이다. 바로잡으면 I'm studying English가 된다. 다른 문장 몇 개를 더 살펴보자.

- I'm studying English. 나는 영어를 공부하고 있다.
- We're studying English now. 우리는 지금 영어를 공부하고 있다.
- Students are studying math. 학생들은 수학을 공부하고 있다.

물론 이건 기본적인 평서문에서 적용되는 규칙이고, 부정문일 경우에는 그 사이에 not이 필요하다. not을 제외한 다른 단어는 'be 동사+~ing' 사이에 들어갈 수 없다.

- I'm not studying English. 나는 영어를 공부하고 있지 않다.
- We're not studying English now. 우리는 지금 영어를 공부하고 있지 않다.
- Students aren't studying math. 학생들은 수학을 공부하고 있지 않다.

문장 몇 개를 더 살펴보자.

- You're listening to music. 너는 음악을 듣고 있구나.
- She's wearing a new coat. 그녀는 새 코트를 입고 있다.
- It's not raining right now. 지금 당장은 비가 오고 있지 않다.
- They're reading in the library. 그들은 도서관에서 (무언가를) 읽고 있다.
- We're having lunch now. 우리는 지금 점심을 먹고 있다.

영어 회화를 잘할 수 있는 한 가지 요령이 있다. 바로 흔히 쓰는 단어들의 결합을 통째로(=덩어리로) 기억하는 것이다. 예를 들어 '음악을 듣다'를 말할 때 많은 경우 '음악'을 의미하는 music과 '듣다'를 의미하는 listen 또는 hear을 떠올릴 것이다. 이렇게 하면 처음부터 어순이 헷갈리고, 엉터리 문장을 말하기 쉽다. 하지만 'listen to music'을 '음악을 듣다'라는 덩어리로 기억하면 문장을 만들기가 훨씬 수월하다.

위의 문장들을 소리 내어 읽어보자. 옆의 해석을 보지 않아도 될 정도까지 충분히 연습하는 것이 좋다. 그런 다음 원어민의 발음을 듣고 반복해서 따라해보자. 문장의 어순과 의미가 이해되면 눈을 감고 소리 내어 따라해보자. 이렇게 될 때까지 연습해야 리스닝과 스피킹 실력이 확 늘어난다.(QR)

여기까지 연습했으면 이제 거꾸로 영어 문장을 만들어보자. 여기서 잠깐, 절대 먼저 쓰려고 하지 마라. 눈으로 문장을 읽고 바로 입으로 말하는 것이 이 연습의 핵심이다.

- 너는 음악을 듣고 있구나. →

- 그녀는 새 코트를 입고 있다. →

- 지금 당장은 비가 오고 있지 않다. →

- 그들은 도서관에서 (책을) 읽고 있다. →

- 우리는 지금 점심을 먹고 있다. →

네 번째 문장은 "They're reading books in the library"라고 써도 맞다. 하지만 "They're reading book in the library"는 틀린 문장이다. book은 셀 수 있는 명사이기 때문에 a book이나 the book 또는 books라고 표현해야 한다. 또한 영어에서는 일반적인 것을 말할 때 복수 형태를 사용하므로 여기서는 그냥 일반적인 책을 읽고 있다는 의미로 books를 쓰는 게 적당하다. 물론 "They're reading in the library"도 맞는 문장이다.

다섯 번째 문장에서 '먹다'라는 단어는 eat과 have를 쓸 수 있다. 그래서 "We're eating / having lunch now" 둘 다 가능하다.

be 동사+ing를 결합할 때 철자 예외인 경우

지금까지 주어진 문장을 현재 진행형으로 만들어보았다. 하지만 이번에도 예외가 없으면 섭섭하다. 현재 진행형을 만들 때는 'be 동사+ing'만 붙이면 되는 줄 알았는데 그것이 아닌 예외가 있기 때문이다. 크게 세 가지 경우이니 잘 익혀두길 바란다.

278

① 동사의 마지막 철자가 '-e'로 끝날 때는 e를 빼고 '-ing'을 붙인다.

- come + ing = com~~e~~ +ing = coming

- have + ing = hav~~e~~ +ing = having

- write + ing = writ~~e~~ +ing = writing

② 동사의 마지막 철자 3개가 '자음+모음+자음'으로 끝나면 마지막 자음을 한 번 더 쓰고 -ing를 붙인다.

- swim + ing = s <u>w</u> <u>i</u> <u>m</u> + ing = swim<u>m</u> + ing = swimming

               자/ 모/ 자음   **swim의 마지막 철자 한 번 더**

- run + ing = <u>r</u> <u>u</u> <u>n</u> + ing = runn +ing = running

               자/ 모/ 자음   **run의 마지막 철자 한 번 더**

- stop + ing = s <u>t</u> <u>o</u> <u>p</u> + ing = stopp +ing = stopping

               자/ 모/ 자음   **stop의 마지막 철자 한 번 더**

③ 마지막 철자가 '-ie'로 끝날 때는 '-ie'를 빼고 그 자리에 '-y'를 넣은 다음 '-ing'를 붙인다.

- die + ing = di~~e~~ + ing = dy + ing = dying

                ↳ 빼는 대신

- lie + ing = li~~e~~ + ing = ly + ing = lying

                ↳ 빼는 대신

현재 진행형 평서문과 부정문을 가지고 문장을 만들어보는 연습을 통해 확실하게 익혀보자. 이것도 펜은 내려놓고 입으로 먼저 연습하자.(박스 안의 단어는 한 번씩만 사용, 1개는 남음)

연습문제

stay	eat	watch	make	play	swim	rain	build

예 She is swimming in the pool. →
　　부정문 → She isn't swimming in the pool.

❶ He _____ a banana.
　부정문 → He _____ a banana.

❷ I'm in the kitchen. I _____ breakfast.
　부정문 → I _____ breakfast.

❸ You _____ in a hotel.
　부정문 → You _____ in a hotel.

❹ We _____ badminton.
　부정문 → We _____ badminton.

❺ She _____ a doghouse.
　부정문 → She _____ a doghouse.

❻ They _____ television.
　부정문 → They _____ television.

정답
❶ He is eating a banana. / He isn't eating a banana.
❷ I am making breakfast. / I'm not making breakfast.
❸ You are staying in a hotel. / You aren't staying in a hotel.
❹ We are playing badminton. / We aren't playing badminton.
❺ She is building a doghouse. / She isn't building a doghouse.
❻ They are watching television. / They aren't watching television.

현재 진행형 의문문
만들기에 도착하셨습니다

현재 진행형 의문문 만들기

현재 진행형의 평서문과 부정문을 만드는 방법에 관해 앞에서 설명했다. 지금부터는 현재 진행형의 의문문을 만드는 방법을 설명할 것이다. 늘 강조하듯 이번에도 걱정할 필요가 전혀 없다. 앞에서 배운 기본적인 be 동사가 포함된 문장의 의문문 변형과 기작은 동일하기 때문이다. 지금까지 잘 따라왔다면 현재 진행형 의문문도 어렵지 않게 소화할 수 있다. 먼저 앞에 나온 현재 진행형 형태를 다시 한 번 복습해보자.

I	am (not)	~ing
He		
she	is (not)	~ing
It		
We		
You	are (not)	~ing
They		

이를 바탕으로 현재 진행형 의문문의 어순 형태를 정리하면 다음과 같다.

am	I	
Is	he	
	she	doing?
	it	going?
		reading?
Are	we	watching?
	you	
	they	

이제 예문을 보며 원리를 이해해보자.

- You   are   studying   English. 너는 영어를 공부하고 있다.
  주어 + be 동사 +   ~ing   +   목적어

이 문장을 의문문으로 바꾸면, 다시 말해 주어와 be 동사의 위치를 바꾸면 이렇게 된다.

-   Are   you   studying   English? 너는 영어를 공부하고 있니?
  be 동사 + 주어 +   ~ing   +   목적어

현재 진행형 평서문을 설명할 때 강조한 것이 있다. 'be 동사+~ing'는 한 덩어리로, 절대 떨어져서는 안 된다고 했다. 부정문과 의문문에서는 이것이 조금 바뀌는데, 먼저 부정문에서는 앞서 연습한 것처럼 be 동사와 ~ing 사이에 부정어 'not'이 들어간다. 그래서 현재 진행형의 부정문은 '주어 + be 동사 + not + -ing + ~~'이 된다고 했다. 그럼 의문문에서는 어떻게 될까? 'be 동사 + -ing' 사이에 주어가 위치한다. 왜냐하면 문장 맨 앞의 주어와 be 동사의 위치만 바꾸기 때문이다.

be 동사 + 주어 + -ing + ~

이제 의문문을 보며 영작 연습을 해보자. 의문문을 보다 쉽게 이해하고 입으로 소리 내어 말하기 위해서는 기본적인 평서문과 부정문을 의문문으로 전환하는 과정을 무리 없이 할 수 있어야 한다. 반대로 의문문의 어순을 이해했다면 평서문과 부정문으로 바꾸는 작업도 무리 없이 할 수 있어야 한다. 아래 예문들을 보며 더 연습해보자.

- Are you going to school? 너는 학교에 가고 있는 중이니?

  (평서문) You are going to school.

  (부정문) You are not going to school.

- Is it raining right now? 지금 비가 오니?

  (평서문) It is raining right now.

  (부정문) It is not raining right now.

- Are they running in the park? 그들은 공원에서 달리고 있니?

  (평서문) They are running in the park.

  (부정문) They are not running in the park.

- Am I crying? 나 울고 있니?

  (평서문) I am crying.

  (부정문) I am not crying.

의문사로 시작하는 질문 역시 be 동사가 포함된 앞의 문장들과 크게 다르지 않다.

What

Who

Where

When   am / are / is + 주어 + -ing ~~ ?

Why

How

이제 다음 문장들을 차례대로 영작하고 소리 내어 읽어보자. 이렇게 단계적으로 문장의 어순을 이해하고 변환할 수 있어야 한다.

- 그녀는 수영을 하고 있다. → She is swimming.
- 그녀는 수영을 하고 있니? → Is she swimming?
- 왜 그녀는 수영을 하고 있니? → Why is she swimming?
- 어디에서 그녀는 수영을 하고 있니? → Where is she swimming?

- 그들은 커피를 만들고 있다. → They are making coffee.
- 그들은 커피를 만들고 있니? → Are they making coffee?
- 그들은 무엇을 만들고 있니? → What are they making?

그럼 이제 현재 진행형 문장을 다양하게 전환해보자. 펜으로 먼저 적는 것이 아니라 입으로 소리 내어 말하면서 연습해보는 것이 우선이다.

❶ 그는 신문을 읽고 있다. → He

  그는 신문을 읽고 있지 않다. →

  그는 신문을 읽고 있니? →

  그는 어디에서 신문을 읽고 있니? →

❷ 너의 친구들은 야구를 하고 있어. →

  너의 친구들은 야구를 하고 있지 않아. →

  너의 친구들은 야구를 하고 있니? →

  너의 친구들은 왜 야구를 하고 있니? →

❸ 마리아는 숙제를 하고 있다. →

  마리아는 숙제를 하고 있지 않아. →

  마리아는 숙제를 하고 있니? →

  마리아는 무엇을 하고 있니? →

정답

❶ He's reading the(a) newspaper. / He isn't reading the newspaper. / Is he reading the newspaper? / Where is he reading the newspaper?
❷ Your friends are playing baseball. / Your friends aren't playing baseball. / Are your friends playing baseball? / Why are your friends playing baseball?
❸ Maria is doing her homework. / Maria isn't doing her homework. / Is Maria doing her homework? / What is Maria doing?

이번에는 현재 진행 의문문을 좀 더 자세히 살펴보자.

- Are you sleeping? 너 자고 있니?

- Is James speaking Chinese? 제임스는 중국어를 말하고 있니?

- Are they traveling by train? 그들은 기차로 여행 중이니?

- What are they doing? 그들은 뭐하고 있니?

- Why is Tom washing his hands? 톰은 왜 손을 닦고 있니?

이 문장들을 여러 번 소리 내어 읽어본 다음 영어 문장은 가리고 한글 뜻만 보면서 문장을 거꾸로 만드는 연습을 해보자. 그런 다음 정확하게 변환했는지 확인하면 된다.

아직은 바로 문장이 만들어지지 않을 수도 있다. 다음에 나오는 문장들을 가지고 더 많은 의문문을 만들어보자. be 동사는 주어지지 않았으니 알맞은 be 동사까지 찾아보라.

연습문제

> 예 (you / cook / breakfast) → Are you cooking breakfast?
> (read / Amy / what) → What is Amy reading?

❶ (where / you / go) → _____

❷ (your parents / watch / TV) → _____

❸ (the phone / ring) → _____

❹ (she / do / what) → _____

❺ (they / enjoy / the class) → _____

❻ (why / the children / laugh) → _____

❼ (come / the bus) → _____

정답 ❶ Where are you going?(너는 어디에 가고 있니?)
❷ Are your parents watching TV?(너의 부모님은 TV를 보고 계시니?)
❸ Is the phone ringing?(전화기가 울리고 있니?)
❹ What is she doing?(그녀는 무엇을 하고 있니?)
❺ Are they enjoying the class?(그들은 그 수업을 즐기고 있니?)
❻ Why are the children laughing?(그 아이들은 왜 웃고 있니?)
❼ Is the bus coming?(그 버스가 오고 있니?)

　일단 Where이나 What 같은 의문사가 필요한 문장은 무조건 의문사로 시작하면 된다. 의문사를 제외하고 be 동사가 쓰이는 문장은 be 동사부터 온다. 동시에 '주어'가 무엇인지 재빨리 파악하는 것이 중요하다.

　①번 문장 '너는 어디에 가고 있니?'에서 주어는 무엇일까? 맞다. '너(You)'다. be 동사는 are로 결정된다. 그러므로 어순은 'Where are you going?'이 되어야 한다. ①에서 go하는 건 you이고, ②에서 '보는' 동작을 하는 주체는 TV가 아니라 '너의 부모님'이다.

　이렇게 각 문장의 주어를 먼저 찾아보면 ③번에서는 'the phone'이 주어가 된다. 울리고 있는(ring) 주체가 전화이기 때문이다. 이렇듯 사람이 주어가 아니라 사물이 주어인 경우도 많으므로 이런 문장도 익숙해지도록 많이 연습해야 한다.

　⑦번 문장에서 오고 있는(come) 것은 '그 버스'이므로 주어는 'the bus'가 된다.

　문장이 주어졌을 때 이렇게 주어를 먼저 파악하는 것이 중요한 이유는 그래야 문장의 뜻이 명확해지고, 실수 없이 be 동사를 사용할 수 있기 때문이다. 주어를 찾지 못하면 정확한 be 동사를 찾지 못한다. 아직도 헷갈리는 부분이 있다면 앞으로 돌아가 주어를 확실하게 이해하고 오길 바란다. 그래야 앞으로 나오는 연습문제들에 당황하지 않는다. 그럼 이제 다음에 나오는 문장들을 가지고 지금까지 공부했던 것들을 더 확실하게 복습해보자.

다음 문장의 빈 칸에 알맞은 be 동사를 넣어보라.

❶ She _____ in the house.

❷ The animals _____ at the zoo.

❸ Karen _____ at school. Her parents _____ at work.

❹ My father _____ a fire fighter. My mother _____ a flight attendant.

❺ I _____ sick today.

❻ My pants _____ very old.

정답 ❶ She is in the house.(그녀는 집에 있다.)
❷ The animals are at the zoo.(그 동물들은 동물원에 있다.)
❸ Karen is at school. Her parents are at work.(카렌은 학교에 있다. 그녀의 부모님은 직장에 계시다.)
❹ My father is a fire fighter. My mother is a flight attendant.(나의 아빠는 소방관이다. 나의 엄마는 승무원이다.)
❺ I am sick today.(나는 오늘 아프다.)
❻ My pants are very old.(내 바지는 아주 오래됐다.)

be 동사를 결정할 때 주어가 대명사인 경우에는 정해진 be 동사 짝꿍이 있다고 여러 번 강조했다. 주어가 대명사 'I'이면 am, 'You, We, They'이면 are, 그리고 'She, He, It'이면 is를 쓴다고 했다. 주어가 대명사가 아닌 경우 단수일 때는 is, 복수일 때는 are를 사용한다고 했다. 이것만 알면 풀 수 있는 문제였다.

정답을 확인했으면 이제 be 동사를 넣은 문장 전체를 소리 내어 읽어보자. 전체적인 의미를 생각하면서, 그리고 문장 어순을 이해하며 읽어야 완전한 내 것이 된다.

이번에는 방금 완성한 위의 문장들을 부정문으로 만들 것이다.

❶ 그녀는 집에 없다. →

❷ 그 동물들은 동물원에 없다. →

❸ 카렌은 집에 없다. 그녀의 부모님은 직장에 계시지 않다. →

❹ 나의 아빠는 소방관이 아니다. 내 엄마는 승무원이 아니다. →

❺ 나는 오늘 아프지 않다. →

❻ 내 바지는 아주 오래되지 않았다. →

정답 ❶ She isn't in the house. ❷ The animals aren't at the zoo. ❸ Karen isn't at home. Her parents aren't at work. ❹ My father isn't a fire fighter. My mother isn't a flight attendant. ❺ I'm not sick today. ❻ My pants aren't very old.

부정문을 만들 때는 be 동사 뒤에 not을 넣으면 된다고 했다. not은 다른 위치에는 올 수 없고 반드시 be 동사 뒤에만 자리한다. 이 규칙만 잘 기억하고 있어도 크게 어렵지 않을 것이다.

이제 괄호 안에 있는 단어들을 배열하여 의문문을 만들 차례다. 지금까지 배운 것을 확인한다는 마음으로 알맞은 be 동사까지 정해서 넣어보자. be 동사는 주어에 따라 결정되고, 의문문은 항상 'be 동사+ 주어' 순이라고 설명한 것을 떠올리면서 답을 말하면 된다. 하지만 문제를 바라보고만 있어서는 답이 나오지 않는다. 모르면 얼마든지 앞에 가서 다시 공부하고 오면 된다. 모르는 사람은 빨리 다녀오기 바란다.

예 (at home / your mother) → Is your mother at home?

❶ (my children / in the apartment / ?) → _____

❷ (very hot / it / today / ?) → _____

❸ (Emily / at the beach / ?) → _____

❹ (how old / your daughter / ?) → _____

❺ (you / in the cafe / ?) → _____

❻ (they / who / ?) → _____

정답 ❶ Are my children in the apartment?(나의 아이들은 아파트에 있니?) ❷ Is it very hot today?(오늘 많이 덥니?) ❸ Is Emily at the beach?(에밀리는 해변에 있니?) ❹ How old is your daughter?(너의 딸은 몇 살이니?) ❺ Are you in the cafe?(너는 카페에 있니?) ❻ Who are they?(그들은 누구니?)

해설

②번에서는 today가 절대 문장 중간에 위치하지 않아야 한다. today처럼 시간을 나타내는 부사구는 강조하는 경우가 아닌 이상 문장 마지막에 둔다.

④는 문장 맨 앞에 의문사 'how old'가 오고 그 다음에 be 동사가 와야 한다. 알맞은 be 동사는 문장의 주어인 'your daughter'로 판단한다. daughter에 -s가 붙지 않은 걸 보면 딸은 한 명, 즉 단수다. 그러므로 답은 'is'가 된다.

⑥번에도 의문사 'who'가 있으므로 고민할 필요 없이 문장의 맨 앞에 놓는다. 그리고 누구인지 묻는 주어가 they이므로 they의 짝꿍 be 동사인 are가 와야한다. 그래서 '너는 누구니?'를 잠시의 망설임도 없이 'Who are you?'라고 하는 것처럼 '그들은 누구니?'는 'Who are they?'라고 하면 된다.

이번에는 소유격이 포함된 의문문을 만들 것이다. 각 문장마다 밑줄 친 소유격 표현을 입으로 소리 내어 먼저 말해본 다음 주어진 의미를 영어로 만들어보자. 다소 어렵게 느껴지거나 헷갈리는 문제도 있을 것이다. 감이 잡히지 않는다면 밑줄 친 부분을 먼저 천천히 소리 내어 말해보자. 그런 다음 문장의 어순을 생각하면 조금 수월하게 문제를 해결할 수 있다.

'나무만 보지 말고 숲을 보라.'

소유격을 이해하기 위해서는 이 말을 유념해야 한다. 소유격 표현에 집중하기보다 문장 전체의 의미, 그리고 핵심 단어가 무엇인지를 파악하는 것이 우선이라는 말이다. 소유격은 반드시 뒤에 명사가 따라온다고 했다. 그래서 'my(나의)'라는 소유격은 절대 혼자서는 존재할 수 없다. 다시 한번 강조하건대, '소유격+명사'에서 중요한 것은 '소유격'이 아니라 '명사'다.

①에서 질문하는 이것(this)은 '내'가 아니라 'my(나의)' 뒤에 오는 'coat'이다. 그러므로 소유격 뒤에 오는 명사를 보고 단수인지 복수인지를 결정해야 한다. 'coat'는 단수이므로 be 동사 is를 쓰면 된다. '이게 내 코트야?'라고 질문하는 것이니 'Is this my coat?'가 정답이다.

②번 문장에서 '몇 살(How old)'인지 질문하는 주체는 그 남자가 아니라 'his sons(그의 아들들)'이다. 단순히 his의 소유격 표현만 보고 동사를 판단할 것이 아니라 'his sons'를 보고 복수라는 것을 이해하는 것이 중요하다. 그래서 정답은 'How old are his sons?'가 된다.

③에서 어디에 있는지 묻고 있는 주체는 누구인가? '그들(they)'인가? '그들의 개(their dog)'인가? 'their dog'라는 표현이 말해주듯 '개(dog)'이므로 이 문장의 적절한 be 동사는 단수인 is이다. 정답은 'Where is their dog?'가 된다.

④번은 실수가 많이 나오는 문장이다. 'her dream(그녀의 꿈)'이 단수인지 복수인지를 구분하는 실수보다 'her dream'이라는 소유격 표현을 'she's dream'으로 잘못 말하는 경우가 더 많다. she's=she is의 축약형으로 she's dream이라 하면 she is dream이라는 엉터리 문장이 된다. '그녀의'라는 소유격 표현은 'her'이다.

⑤번 문장 역시 실수가 많다. 바로 '우리의'라는 소유격 표현 때문이다. '우리는'의 주격은 'We'이고, 소유격 '우리의'는 'our'이다. 그러므로 '우리 선생님'은 'our teacher'다. 이 경우에도 소유격인 'our'가 여러 명인 것은 중요하지 않다. '선생님'이 누구인지 확인하는 질문이므로 정답은 'Where is our teacher?'이다.

⑥번 역시 '너의 차들'이 어디 있는지 묻는 질문이다. '차들'이라고 표현했으므로 한 대가 아니라 두 대 이상이다. 그러니 'your cars'에 맞춰 복수의 be 동사인 are를 사용하면 된다.

⑦ 사실 소유격은 무언가를 소유하는 것이므로 사람에게 주로 쓰이는 표현이다. 이렇게 '그것의' 소유격 표현인 'its'는 자주 쓰이는 표현은 아니지만 동물인 경우에는 사용될 수 있다. 오늘 동물의 저녁 식사가 오늘 무엇인지 물을 때 이 문장이 가능하다. '그것의 저녁 식사'는 'its dinner'여야지 'it's dinner'는 될 수 없다는 걸 기억해두자. it's dinner는 it is dinner의 의미로 소유격의 표현이 아니다.

⑧번은 '왜 그들이 너희 집 안에 있니?'에서 '~안에'에 주의해야 한다. 'Why are they your house?'라고 말하는 실수를 범하지 말자. 그들이 왜 너의 집(안)에 있는지 질문하는 것이므로 'Why are they in your house?'이고, 위치 전치사 'in'을 넣는다.

이번에는 현재 진행형 문장의 평서문과 부정문을 복습해보자. 박스 안에 있는 8개의 동사를 한 번씩 사용하여 현재 진행형 문장을 만들어보자. 먼저 평서문을 만든 다음 부정문으로 바꾸는 연습까지 해볼 것이다. 문장에 필요한 알맞은 be 동사도 정해야 한다. 단, 동사는 8개, 문장은 7개로 동사 1개가 남는다.

bake   do   snow   eat   listen to   learn   ride   sleep

예 (I / lunch) → 평서문 : I'm eating lunch. / 부정문 : I'm not eating lunch.

❶ (He / Japanese)
평서문 :
부정문:

❷ (It / outside)
평서문 :
부정문:

❸ (You and Ben / music)
평서문 :
부정문:

❹ (My husband / on the sofa)
평서문 :
부정문:

❺ (Kathy and Linda / a cake)
평서문 :
부정문:

❻ (Wendy / a bike)
평서문 :
부정문:

정답 ❶ He's learning Japanese.(그는 일본어를 배우고 있다.) / He's not learning Japanese.(그는 일본
어를 배우고 있지 않다.)
❷ It's snowing outside.(밖에 눈이 오고 있다.) / It's not snowing outside.(밖에 눈이 오고 있지 않다.)
❸ You and Ben are listening to music.(너와 벤은 음악을 듣고 있다.) / You and Ben aren't listening
to music.(너와 벤은 음악을 듣고 있지 않다.)
❹ My husband is sleeping on the sofa.(내 남편은 소파에서 잠을 자고 있다.) / My husband isn't
sleeping on the sofa.(내 남편은 소파에서 잠을 자고 있지 않다.)
❺ Kathy and Linda are baking a cake.(케시와 린다는 케이크를 굽고 있다.) / Kathy and Linda aren't
baking a cake.(케시와 린다는 케이크를 굽고 있지 않다.)
❻ Wendy is riding a bike.(웬디는 자전거를 타고 있다.) / Wendy isn't riding a bike.(웬디는 자전거를 타
고 있지 않다.)

이번에는 현재 진행형의 의문문을 복습할 것이다. 주어진 단어들을 모두 사용하되, 필요하면 주어진 단어의 형태를 바꾸어 넣어도 된다. be 동사의 의미, 그리고 주어에 따른 be 동사 짝꿍을 떠올리며 알맞게 넣어보자.

예 (you / watch / it / ?) → Are you watching it?

❶ (What / cook / Anne / ?) →

❷ (you / read / a book / ?) →

❸ (he / cry / Why / ?) →

❹ (his uncle / to work / go / ?) →

❺ (leave / the train / ?) →

❻ (Where / I / go / ?) →

❼ (you / on the floor / sit) →

❽ (enjoy / she / the show / ?) →

❾ (write / your mother / a letter / ?) →

❿ (it / How / go / ?) →

정답
❶ What is Anne cooking?(앤은 무엇을 요리하고 있니?)
❷ Are you reading a book?(너는 책을 읽고 있니?)
❸ Why is he crying?(왜 그는 울고 있니?)
❹ Is his uncle going to work?(그의 삼촌은 출근하고 있니?)
❺ Is the train leaving?(그 기차는 떠나고 있니?)
❻ Where am I going?(나는 어디로 가고 있을까?)
❼ Are you sitting on the floor?(너는 바닥에 앉아 있니?) • 상황에 따라 '너희는'도 가능
❽ Is she enjoying the show?(그녀는 쇼를 즐기고 있니?)
❾ Is your mother writing a letter?(너희 엄마는 편지를 쓰고 계시니?)
❿ How is it going?(어떻게 지내니? = How are you? / How are you doing?)

이제 마지막 연습으로 우리말을 영어 문장으로 만들어보자. 지금까지 해온 것처럼, 먼저 써보는 것이 아니라 입으로 소리 내어 말해보는 것이 우선이다.

> **예** 너는 오늘 일하고 있니? → Are you working today?
> 나는 학교에 가고 있어. → I'm going to school.

❶ 너는 뭐를 먹고 있니? →

❷ 제시카는 영어를 가르치고 있다. →

❸ 그는 피아노를 치고 있어. →

❹ 밖에 비가 오고 있다. →

❺ 그들은 뭐하고 있니? →

❻ 그들의 이름은 뭐야? →

❼ 우리는 TV를 보고 있지 않다. 우린 수학을 공부하고 있다. →

❽ 알렉스는 어디 있니? 그는 그의 방을 청소하고 있어. →

❾ 너희는 축구를 하고 있니?

정답 ❶ What are you eating? ❷ Jessica is teaching English. ❸ He's playing the piano. ❹ It's raining outside. ❺ What are they doing? ❻ What are their names? ❼ We aren't watching TV. We're studying math. ❽ Where is Alex? He's cleaning his room. ❾ Are you playing soccer?

해설

⑥번은 그들의 이름이 무엇인지를 묻고 있다. '그들의 이름'이라고 썼지만 이름은 각각 다르므로 정확하게 말하면 '그들의 이름들'이 된다. 그래서 복수의 be 동사인 are를 쓰고, 마지막 단어 역시 'name'이 아니라 'names'가 된다.

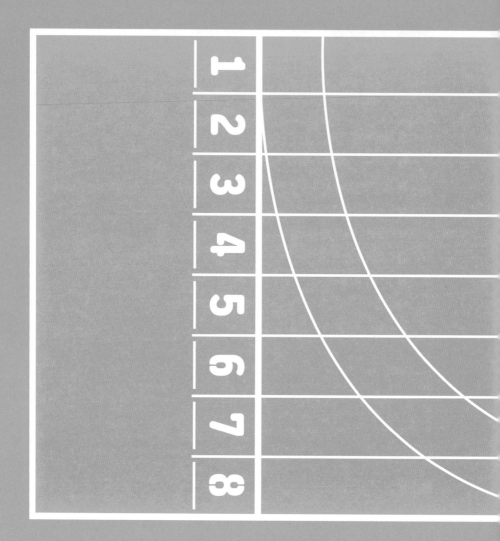

PART5

지금부터 진짜

독학 영어

01

제 영어는
왜 어색하고 부자연스러울까요?

무조건 강하게 읽는 것이 강세가 아니다

다시 영어를 시작하는 해방 영어반 엄마들의 목표는 처음엔 '파닉스'와 '발음'이다. 하지만 이 꿈은 얼마 지나지 않아 '영어로 대화하는 것'으로 바뀐다. 아이와 영어로 간단한 대화를 하고, 조금이나마 덜 걱정되는 마음으로 해외여행이 가능한 정도 말이다. 그러려면 문장으로 이야기할 수 있어야 한다. 영어 문장은 단어들로 이루어져 있다. 그런데 단어를 자신 있게 읽을 수 없으니 문장을 만드는 건 더더욱 어렵다.

3장에서 영어 단어를 읽는 기본 규칙(파닉스), 자음과 모음의 발음법을 배웠다. 4장에서는 간단한 영어 문장을 만들고 읽어보았다. 그럼에도 아직 어렵고 어색할 것이다. 더 솔직히 말하면 어색하고 세련되지 않았다는 느낌이 들 것이다. 이유가 뭘까? 단순히 오랫동안 영어를 말하지 않다가 시작했기 때문만은 아니다. 진짜 이유는 강세accent와 억양intonation 때문이다.

우리말은 음절마다 높이가 일정해서 듣기에 높낮이가 없고 차분하게 들린다. 그에 반해 영어는 마치 노래를 듣는 것처럼 세게 들리거나 약하게 들리는 부분이 있고, 단어나 문장 자체에 높낮이가 있는 것처럼 들리기도 한다. 한글과 영어의 이런 차이를 감안하여 나는 수업할 때 엄마들에게 영어를 말할 때는 내 안에 있는 여러 모습 중 기왕이면 좀 더 발랄한 나를 드러내라고 강조한다. 그러면 다들 웃음을 터트린다.

내 경우만 해도 우리말을 할 때의 나와 영어를 할 때의 내가 다르다. 영어를 할 때 훨씬 목소리 톤이 높아지고, 대화를 하면서 몸짓과 손짓을 하는 빈도가 높다. 제안하건대, 영어를 할 때는 명랑해지자. 그래야 단어 안에서 강세를 확실히 전달할 수 있고, 문장 안에서 중요한 단어와 내가 말하고자 하는 바를 명확하게 표현할 수 있다. 여기서는 단어 안에 강세가 있는 경우와 두 단어 이상을 말할 때의 강세에 대해 설명하려고 한다.

❶ 단어 내의 강세

우리는 3장에서 이미 단어에 강세를 정확하게 두어야 한다고 배웠다. 단어를 처음에 익힐 때마다 발음뿐만 아니라 강세까지 확인하며 입에 확실히 붙도록 연습을 해야 한다. 예시 단어들을 보면서 각 단어마다 강세가 어디에 있고 그걸 어떻게 읽어야 하는지 복습해보자.

sofa [ˈsoʊfə] → 강세는 [ˈsoʊfə]
garage [gəˈrɑːʒ] → [gəˈrɑːʒ]
control [kənˈtroʊl] → [kənˈtroʊl]
understand [ˌʌndərˈstænd] → [ˌʌndərˈstænd]
약한 강세 / 주 강세

원어민의 발음과 강세를 들으면서 따라해보자. 팁을 하나 주면, 강세 부분은 목소리를 높이는 게 아니라, 그 모음에 힘을 더 주고 약간 시간을 늘리듯이 발음해야 한다.(QR)

❷ 두 단어 이상을 말할 때의 강세

두 단어가 함께 쓰일 때는 강세가 앞 단어에 오는 경우와 뒤의 단어에 오는 경우로 나뉜다. 먼저 아래 두 단어를 읽어보자.

Music teacher   two dollars

양쪽 단어를 읽으면서 각각 어느 부분에 더 힘을 주어 읽었는가? Music teacher (음악 선생님)에서는 앞에 있는 Music에, two dollars(2달러)에서는 dollars에 강세를 두어 읽었을 것이다.

이 또한 규칙에 의해 어디에 강세를 둘지 정해져 있는 경우도 있지만, 말하는 사람의 의도에 따라 바뀌는 상황도 많기 때문에 외우려 하기보다 단어 혹은 문장을 읽으며 신경 써야 한다. 간단하게 두 단어 내에서의 강세를 몇 개 연습해보자.

앞 단어에 강세	뒤의 단어에 강세
Music teacher	two **dollars**
Korean food	Barack **Obama**

원어민의 소리를 들으면서 강세를 두어야 하는 단어에 표시해보자. 강세가 들어 있지 않은 단어를 읽을 때는 힘을 ~~빼야~~ 한다. 그래야 강세가 두드러진다. 팁을 하나 주면, 어깨를 약간 움직이면서 말하는 것도 방법이다. 강세가 있는 단어를 말할 때는 어깨를 살짝 올리고, 강세가 없는 단어에서는 어깨에 힘을 빼며 어깨를 끌어내리면 된다.(QR)

자연스럽게 리듬을 타세요

영어로 억양을 인토네이션Intonation이라고 한다. 해방 영어 시간에 엄마들이 이제 발음도 정확해지고 기본적인 문장을 만들 수 있게 되면 영어 말하기를 시작하는데, 그것이 생각보다 쉽지 않다. 이상하게 어색하고 경직된다. 그럴 때마다 나는 이렇게 말한다.

"AI처럼 하지 마시고 감정을 더 넣으세요."

영어는 우리말에 비해 강세와 억양이 두드러진다. 그래서 영어를 할 때 강세와 억양에 신경 쓰지 않으면 마치 로봇이 말하는 것처럼 딱딱하고 어색한 느낌이 든다. 질문을 할 때 끝부분을 올린다거나 문장 속 특정 단어를 강하게 읽는 것 모두 억양이다. 해방 영어반에서도 주로 이 두 가지를 연습한다.

- She's tired. 그녀는 피곤하다.

이 문장을 편평하고 밋밋하게 말하면 감정이 없거나 뚱한 사람이 이야기하는 것처럼 들린다. 여기서 중요한 단어는 She와 tired이고, 그중에서도 tired가 더 중요해 보인다. 그러므로 이 문장은 'tired'에 강세를 두어 읽어야 한다.

She's tired.

특정 단어에 아주 강한 강세를 넣을 필요는 없다. 다만, 강세를 어떻게 표현하느냐에 따라 화자의 감정과 상황이 드러나므로 그걸 잘 표현하는 것은 중요하다. 예를 들어 두 사람이 대화를 하고 있다고 가정하자. 이들은 지금 업무 태도가 좋지 않은 한 동료에 대한 불평을 늘어놓고 있다. 그런데 불만의 대상인 그 사람이 일을 안 하면서 매일 피곤을 호소하고 있다고 한다. 이 말을 들은 사람이 반문한다. "그 사람이 피곤하다고?" 이를 영어로 "She's tired?"라고 했을 때 어디에 강세를 두어 표현하면 될까?

"SHE's tired?"

아마 이렇게 'SHE'를 강하게 말하고 문장 끝을 올릴 것이다. '다른 사람도 아니고 그 여자가 피곤하다고?'의 심정으로 말할 테니 말이다. 참고로 보통의 경우와 다른 단어에 강세를 주거나 좀 더 세게 표현해야 하는 경우에는 해당 단어를 대문자로 표기한다. 문장 중간에 대문자가 들어간 이유를 묻는 분들이 종종 계시는데, 바로 그 단어에 강세를 주어 말한다는 뜻이다. 그리고 이 문장은 의문문이므로 끝을 올려 말한다. 이렇게 짧은 문장에도 감정이 들어간다. 이것을 억양이라 한다. 문장 하나를 더 예로 들어보겠다.

- My cat is in the garage. 내 고양이는 차고 안에 있어.

어느 단어에 강세를 두어 읽을 것인가? 보통의 경우라면 (My) cat과 garage에 둘 것이다. 의미상 '내 고양이'가 '차고'에 있다는 것이 중요하니 말이다. 그러나 이 또한 상황에 따라 달라질 수 있다. 내 고양이를 찾고 있는 와중에 차고 안에 있는 걸 발견했다 치자. 그럼 아마 이렇게 소리칠 것이다.

"My cat is IN the garage."

종합해보면 영어 문장을 말할 때는 강조하고 싶은 단어 혹은 중요한 의미를 가진 단어에 강세를 두어 읽어야 한다. 즉 억양에 신경 써서 표현해야 한다. 그래야 내 감정과 의도를 드러낼 수 있다. 마지막으로 예문 하나만 더 살펴보고 이번 챕터를 마무리하자.

- What are you doing? 너 뭐하고 있니?

대부분의 경우 이 문장의 강세 단어는 What과 doing이다. 하지만 사람들이 지금 한 명씩 돌아가면서 무엇을 하고 있는지 말하고 있는 상황이라면 얘기가 달라진다. 다음 주인공이 당신일 때는 더더욱 그렇다.

What are YOU doing? 너는 뭐하고 있어?

이렇게 You에 강세를 두면 "너는 뭐하고 있어?"가 아니라 "너는 뭐하고 있어?"로 받아들여진다. 이렇게 내가 말하려는 의미에 따라 특정 단어에 강세를 두어 말하는 것도 방법이다.

처음에는 이렇게 억양에 신경 써서 말하는 것 자체가 어렵고 어색할 것이다. 그러나 영어의 특성을 이해하기 위해서는, 그리고 정확한 표현을 위해서는 억양 연습을 많이 해야 한다.

02

말하기와 강세 연습은 동시에

말하는 것이 먼저, 쓰는 것은 나중

이번 챕터에서도 계속해서 억양과 강세 연습을 할 것이다. 말하기와 억양 연습은 같이 해야지 따로 떼어서 연습할 수 없다. 다음에 나오는 문장들을 우리말로 먼저 읽어보고 영어 문장으로 만들어라. 답을 쓰면서 생각하는 것이 아니라 우리말로 읽음과 동시에 영어 문장을 입으로 말할 수 있어야 한다. 여기까지 따라왔으면 크게 어렵지 않을 테지만, 헷갈려도 괜찮다. 천천히 배운 내용을 떠올리며 문장을 말해본 뒤에 강세와 억양에 유의하여 다시 말해보자. 어색한 문장은 다시 점검하면 된다. 늘 강조하듯 펜을 들어 문장을 쓰는 것은 가장 마지막이다.

❶ 우리는 친구다. →

❷ 그의 이름은 빌이고, 그녀의 이름은 릴리다. →

❸ 내 고양이는 욕실에 있다. →

❹ 그는 한국 사람이다. →

❺ 그녀는 미국 사람이 아니다. →

❻ 나는 너무 아프다. →

❼ 그들은 TV를 보고 있다. →

❽ 그녀는 병원에 있다. →

❾ 우리의 자전거는 공원에 있다. →

❿ 너는 수영을 하고 있다. →

⓫ 그는 울고 있다. →

⓬ 수학책은 책상 위에 있다. →

⓭ 그는 그의 방에 있다. →

⓮ 너는 음악을 듣고 있다. →

⓯ 우리는 야구를 하고 있지 않다. →

⓰ 나는 피아노를 치고 있다. →

⓱ 그녀는 자기의 차를 닦고 있다. →

⓲ 그들은 점심을 먹고 있다. →

⓳ 지금 비가 오지 않고 있다. →

⓴ 나는 자고 있다. →

정답 ❶ We're friends. ❷ His name is Bill and her name is Lily. ❸ My cat is in the bathroom. ❹ He's Korean. ❺ She isn't American. ❻ I'm very sick. ❼ They're watching TV. ❽ She's in the hospital. ❾ Our bicycle is in the park. ❿ You're swimming. ⓫ He's crying. ⓬ A math book is on the desk. ⓭ He's in his room.
⓮ You're listening to music. ⓯ We're not playing baseball. ⓰ I'm playing the piano.
⓱ She's washing her car. ⓲ They're eating lunch. ⓳ It's not raining now. ⓴ I'm sleeping.

①번 문제의 답을 'We're friend'라고 생각했다면, 그게 왜 틀린 문장인지 이해하면 된다. 주어가 '우리'로 복수이기 때문에 친구friend가 아니라 친구들 friends 사이가 된다.

④⑤번에서처럼 국적(어느 나라 사람)을 나타내는 단어 앞에는 a(an)나 the를 붙이지 않는다. 간단한 예로 "나는 한국 사람이야"라고 할 때 "I'm Korean"이라고 하지 "I'm a Korean"이라고 하지 않는다.

⑥번 문제의 경우 '매우'의 뜻을 가진 부사의 쓰임이 관건이다. very, so, too 중에 무엇을 쓰면 될까? 이들 세 부사는 약간의 뉘앙스 차이를 가지고 있는데 그걸 이해하면 쉽다. 예문을 들어 설명한다.

- This is very expensive.

  : 이것이 비싼 것은 누가 보아도 엄연한 사실이다. very는 '객관적인 사실'을 말할 때 주로 사용한다.

- This is so expensive.

  : 내가 느끼기에 이것은 매우 비싸다. 형용사 앞에 'so'가 들어가면 주관적인 느낌의 '매우'라는 뉘앙스가 느껴진다.

- This is too expensive.

  : too가 들어가면 '매우'라는 의미가 부정적으로 다가온다. 이것은 너무 비싸서 안 좋다는 뜻이기 때문이다.

세 가지 모두 '매우'의 뜻으로 해석되지만 very는 객관적인 사실, so는 주관적인 느낌, too는 부정적으로 너무 ~하다는 뉘앙스를 풍긴다.

⑧⑨ 두 문장 모두 장소를 말하고 있다. 그래서 위치를 나타내는 전치사 in을

사용해야 한다. 그러면 또 묻는다. "선생님, in the hospital이랑 in the park 대신 'at the hospital과 at the park'를 쓰면 안 되나요?"

결론부터 말하면, 된다. 물론 대화의 문맥을 자세히 살펴보면 in이나 at 중 더 낫고 정확한 표현이 있겠지만, 이렇게 문장 하나만으로 어느 것이 더 정확한지는 판단하기 어렵다.

in은 말 그대로 '~안에' 있는 것이다. '그녀가 병원 안에 있다(⑧번)' 그리고 '우리 차가 공원 안에 있다(⑨번)'고 말하고 싶다면 장소의 단어 앞에 전치사 'in'을 사용하면 된다.

반면에 다른 장소가 아닌 '병원에', '공원에' 있다고 말하는 상황이라면 'at'을 쓰면 된다. 위치 전치사 'at'은 수많은 장소 중에 '거기에' 있다는 것이다. 콕 집어 말하는 의미가 강하다. 자세히 그 안인지 밖인지 근처인지는 별로 중요하지 않다. ⑧번 문장에서 'She's in the hospital'이면 지금 그녀는 병원 안에 있다. 그런데 'She's at the hospital'이라고 하면 얘기가 조금 달라진다. 예정대로라면 병원에서 볼 일을 마치고 다른 곳에 있어야 하는데, 생각보다 늦어져서 아직 '병원에' 있다고 말하는 상황일 수 있기 때문이다.

⑩번 문제의 답을 'You're playing swimming'이라고 잘못 답하는 엄마들이 많다. 다른 운동 종목처럼 swim을 '수영'의 한 종목으로 생각해서 나오는 실수인데, swim은 '수영하다'라는 뜻의 동사이다. 그래서 다른 동사인 play를 사용하면 안 되고 swim에 -ing를 붙여 현재 진행형으로 만들어줘야 한다.

⑫번 문장에서는 조심해야 할 포인트가 두 군데 있다. 먼저 문장의 시작을 'Math book~'으로 하면 안 된다. 수학책은 셀 수 있는 명사이므로 a를 붙여야 한다. 특정한 수학책을 말하는 경우라면 the를 붙이면 된다. 마찬가지로 이 문

장 하나만 봐서는 둘 중 어느 것이 더 적합한지 판단하기 어렵다. 문법적으로 'A math book'과 'The math book' 둘 다 가능하다.

두 번째로 조심해야 하는 지점은 '책상 위에 있다'이다. 책상 '위'를 나타내는 위치 전치사 on을 사용하면 된다. 그래서 답은 'A math book is on the desk' 또는 'The math book is on the desk'이 된다.

그런데 ⑫번을 열심히 복습한 엄마들이 의외로 ⑬번에서 애를 먹는다. 'He's in~'까지는 대부분 어렵지 않게 수행한다. 그래놓고 'He's in the his room'이나 'He's in a his room'이라고 말하는 실수를 범하는 것이다. 두 문장 모두 틀린 문장이다. 그 이유는 명사(room) 앞에는 부정관사 a/an, 정관사 the, 그리고 소유격 중 무조건 한 개만 사용할 수 있기 때문이다. 그러니까 'a room', 'the room', 'his room' 중에 하나만 써야 한다. 'He's in the his room', 'He's in a his room'은 the와 his, a와 his를 함께 사용했기 때문에 맞지 않다. 문장의 의미상 우리는 반드시 '그의 방'이라고 표현해야 하므로 a/an, the는 그냥 잊으면 된다. 소유격인 'his room'만 제대로 사용하면 된다.

03

대답만 하는
앵무새는 거부합니다

많이 외울수록 좋은 거 아닌가요?

해방 영어반 엄마들의 목표는 짧게라도 영어로 스피킹을 하는 거라고 여러 번 얘기했다. 그리고 우리는 그 목표를 이루기 위해 수많은 어려움을 물리치고 힘든 과정을 지나오고 있다. 이쯤에서 목표를 한 번쯤 돌아보고 갈 필요가 있다. 영어 회화는 스피킹이 전부가 아니니까 말이다.

여기서 말하는 회화는 외국어로 대화를 나누는 것이다. 그러려면 완벽하지 않더라도 일정한 정도의 문장을 입 밖으로 소리 내어 뱉을 수 있어야 한다. 그런데 종종 다른 것은 제쳐두고 문장 외우기에만 집중하는 분들이 있다. 문장을 많이 외우면 외울수록 회화 실력이 늘어난다고 믿는 분들이다. 안타깝게도 이런 분들은 중요한 사실 하나를 간과하고 있다. 바로, 모든 대화는 외운 대로 이뤄지지 않는다는 것이다. 대화를 나누기 위해서는 서로 간에 어느 정도 감정이 연결되어 있어야 한다. 그리고 감정이 연결되려면 서로 이해가 가능해야 한다. 외운 문장들만 이야기하고 상대의 말은 제대로 알아듣지 못하면 아무 소용없다. 설령 외운 문장 그대로 외국인에게 말했다고 치자. 그렇다면 상대도 내가 외운 문장대로 대답해줄까? 아니다. 외운 대로 대답해주는 것이 오히려 이상하다. 예상한 답이 나오지 않으니 더 이상 대화가 이루어질 리 없다. 외국인의 대답을 들어도 이해하지 못할 것이고, 이해했다 하더라도 그 다음 질문을 해나갈 수 있는 무기가 없기 때문이다.

그런데 상담을 해보면 기초 문법이나 어순에 대한 이해 없이 문장을 많이 외우는 것만으로 회화가 가능할 거라고 믿는 분들이 꽤 많다. 결론부터 말하면, 아예 불가능한 이야기는 아니다. 하지만 외운 문장만 가지고 응용이 가능해지기까지는 무척 오랜 시간이 걸린다. 스스로 문장을 응용할 수 있는, 다시 말해 어느 정도 실력을 갖춘 학습자에게는 이 방법이 추천되기도 하지만 해방 영어반 수준에서는 추천하고 싶지 않다.

언어는 살아 있는 생물이다

"1년 동안 열심히 하면 해외 나가서 원어민과 대화할 수 있는 거죠?"

엄마들이 상담을 하면서 마치 약속한 듯 묻는 말이다. 이 질문에 대한 답은 "예"가 될 수도 있고, "아니요"일 수도 있다.

"선생님, 제가 호텔 로비에 가서 맛집을 추천해달라고 했거든요. 책에서 외운 대로 말했죠. 직원이 열심히 추천해주긴 했어요. 그런데 하나도 알아듣지 못했어요. 그 식당이 어디에 있는지 천천히 설명해달라고 얘기하고 싶었는데 그걸 영어로 표현할 수도 없더라고요."

해외로 나가기 전 급한 마음에 여행 영어 책을 사서 외운 사람이 흔히 겪을 수 있는 일이다.

영어는 수학 문제를 풀 듯 딱 떨어지는 대답이 나오는 공부가 아니다. 누차 강조했지만 영어는 언어이고, 언어는 하루아침에 학습할 수 없다. 나는 종종 언어를 살아 있는 생물에 비유한다. 생생하게 살아 파닥거리는 생선의 모습이 언어와 닮아 있다는 생각이 들어서다. 끊임없이 파닥거리는 언어를 잡아 내 맘대로 요리하기란 쉬운 일이 아니다. 그러는 한편 우리는 어쩌면 지금까지 영어라는 신선한 생선을 내 입에 맞는 음식으로 만들어 먹기 위해 애써온 건 아닌가 하는 생각이 든다.

제안하건대, 지금부터 대답만 하는 앵무새는 거부하라. 그러기 위한 최고의 방법은 의문문 연습에 집중하는 것이다. 실제로 의문문 만들기에 집중하고 나면 엄마들 얼굴이 발갛게 상기되어 있는 걸 확인할 수 있다. 마음처럼 쉽지 않기 때문이다. 대신 연습 후 엄마들의 표정엔 그 어느 때보다 자신감이 넘치고 질문도 많다. 연습한 것 외에 다른 질문도 얼마든 할 수 있을 것 같은 기분이 들기 때문이다.

그럼 이제부터 의문문 만들기 연습을 해보자. 의문문을 연습할 때는 앞에서 배운 강세와 억양에 더욱 신경 써야 한다. 문장의 끝을 올려야 하는지, 내려야 하는지도 유의해야 한다. 규칙을 지키며 하나씩 살펴보자.

❶ 그는 어디 있니? →

❷ 그들은 달리고 있니? →

❸ 그녀는 영어를 공부하고 있니? →

❹ 우리는 어디죠? →

❺ 너는 아침을 먹고 있니? →

❻ 너희는 라디오를 듣고 있니? →

❼ 오늘 날씨가 맑은가요? →

❽ 그는 TV를 보고 있어? →

❾ 너희들의 엄마가 누구시니? →

❿ 눈이 지금 오고 있니? →

⓫ 그녀는 그녀의 방에 있니? →

⓬ 과학책은 어디 있니? →

⓭ 그들은 병원에 있어? →

⓮ 우리 고양이는 어디 있니? →

⓯ 그녀는 중국 사람이야? →

⓰ 너희는 축구를 하고 있어? →

⓱ 그들은 저녁을 먹고 있어? →

⓲ 그것은 침실에 있니? →

⓳ 그것들은 쉽니? →

⓴ 그들의 이름이 뭐야? →

정답 ❶ Where is he? ❷ Are they running? ❸ Is she studying English? ❹ Where are we? ❺ Are you eating(having) breakfast? ❻ Are you listening to the radio? ❼ Is it sunny today? ❽ Is he watching TV? ❾ Who is your mother? ❿ Is it snowing now? ⓫ Is she in her room? ⓬ Where is a(the) science book? ⓭ Are they in the hospital? ⓮ Where is our cat? ⓯ Is she Chinese? ⓰ Are you playing soccer? ⓱ Are they eating dinner? ⓲ Is it in the bedroom? ⓳ Are they easy? ⓴ What are their names?

의문문의 억양은 두 가지로 나뉜다. Yes / No 질문은 마지막에 끝부분을 올려야 하고, 의문사로 시작하는 Wh-(How 포함) 질문은 끝부분을 내린다. 의문문은 이 연습이 충분히 이루어져야 한다. 원어민의 소리를 듣고 반복해서 따라하면서 전체적인 억양을 익히는 것도 방법이다.

④번 문장은 어순만으로 보면 간단해 보이지만 스피킹을 할 때는 자연스럽게 나오지 않는다. 'Where are you?', 'Where are they?'와 같은 순서로 생각하면 된다. 'Where are we?'는 말 그대로 '우리가 어디인지 위치 확인이 되지 않는 경우에 쓴다. 이야기를 나누다가 대화가 잠시 삼천포로 빠졌을 때도 쓸 수 있다. '우리 어디까지 이야기했지?'라고 할 때도 이 문장을 쓴다.

⑲번은 엄마들이 입을 모아 어렵다고 이야기하는 문장이다. '그것들은 쉽니?'라는 질문을 영어로 만들어보라고 하면 백이면 백 'Is it easy?'라고 답한다. 정답은 'Is it easy?'가 아니라 'Are they easy?'라고 하면 모두 아연실색한다. 그렇다면 왜 'Is it easy?'가 아니라 'Are they easy?'일까?

'Is it easy?'의 주어인 it은 '그것'이라는 의미로 단수다. '그것'은 하나이기 때문이다. 그러나 ⑲번 질문에서는 '그것들은 쉽니?'라고 물었다. 그러므로 '그것'의 복수 형태를 취해야 하고, '그것들'에 해당하는 영어 단어는 바로 'They'이다. 이건 비단 해방 영어반 엄마들뿐 아니라 많은 성인 학습자들이 잘못 알고 있는 부분이기도 하다. 'they'를 '그들'이라는 주어의 뜻으로만 알고 있기 때문이다. 물론 맞다. 그러나 'they'에는 또 다른 뜻이 있는데, 바로 '그것들'이다. 'They'는 사람에게만 국한되어 사용되는 단어가 아니며, '복수'의 뜻을 갖고 있다는 것을 기억하라. 3인칭의 사람이 복수일 때는 '그들'의 뜻이고, 사물이 복수로 여러 개 있을 때는 '그것들'이라는 뜻이 있다. 이제부터 'they=그들'이라는 기존의 지식에서 한 발 더 나아가 'they=그들, 그것들'이라는 뜻도 있음을 기억해두자.

이제 다시 ⑲번 문장으로 돌아와 '그것들은 쉽니?'라는 질문은 'Are they easy?'가 되어야 맞다. 이 문장이 쓰이는 경우는 아마도 '그 문제들은 쉽니?'와 같은 상황일 것이다.

⑳번은 앞에서도 연습했던 문장으로, 복습을 위해 다시 한 번 해보자. 그들의 이름을 묻는 상황이면 이름도 여러 개가 될 수밖에 없다. 그러니 name도 복수 형태로 names가 되어야 한다. 이름이 여러 개인 상황이므로 복수의 be 동사인 'are'가 쓰인다.

04

낭독은
힘이 세다

숙제, 하고 또 하고

상담을 요청하거나 수업을 희망하는 엄마들에게 내가 무조건 하는 질문이
있다.

"평소에 아이에게 영어 그림책을 조금씩이라도 읽어주시나요?"

이 질문에 가장 많이 나오는 대답은 "제가 읽어주었다가 오히려 아이 발음을
망칠까봐 안 읽어줘요"이다.

정확한 발음과 파닉스 규칙을 끝내고 기본 문장까지 만들 수 있게 되면 나는
엄마들에게 숙제 하나를 내준다. 나 역시 매우 기다리는 일로, 이 숙제에 임하는
엄마들의 열정은 말로 다 표현할 수 없을 정도이다. 숙제는 다음과 같다.

먼저 영어 그림책 한 권을 정한다. 가능하면 많이 알려진 것으로 정하는 편이다. 책이 준비되면 수업 시간에 다 같이 그 책을 읽는다. 포함되어 있는 CD를 듣기도 하고, 유튜브에서 해당 책을 읽어주는 원어민의 영상을 함께 보기도 한다. 그리고 나서 나와 함께 그림책을 읽는다. 의미가 어렵거나 발음하기 힘든 단어는 한 번 더 설명한다.

이 과정을 마치고 나면 다음날부터 개인별 숙제를 해야 한다. 매일 그 책을 10번 또는 10번 이상 읽고 내가 나눠준 낭독표에 읽은 횟수를 체크하는 것이다. 읽는 것만으로 끝나지 않는다. 연습 후에 핸드폰으로 목소리를 녹음하여 나에게 보내야 한다. 그럼 나는 녹음본을 받아 학생의 목소리를 듣고 피드백을 한다. 잘한 부분에 대해서는 진심어린 박수와 칭찬을 보내고, 부족한 부분에 대해서는 다시 한 번 설명한다. 예를 들어 어느 문장에 있는 어떤 단어의 'L' 발음이 정확하지 않다거나, 발음은 맞는데 어떤 단어의 강세를 제대로 두지 않아 어색하게 들린다는 식이다.

억양에 대해서도 많은 피드백을 한다. 처음부터 제대로 해야 한다는 생각에서 힘들고 번거로워도 끝까지 한다. 이렇게 엄마들은 매일 밤 좋든 나쁘든 나의 피드백을 받는다.

그리고 다음날, 어젯밤 받은 피드백에 유념하여 10번 이상 연습한다. 그런 다음 다시 나에게 녹음본을 보내야 한다.

이 과정을 5번, 그러니까 5일을 해야 한다. 평균 5일이고 안 되는 경우에는 그 이상이 걸리기도 한다. 3일 만에 끝내는 분도 있고, 일주일 넘게 도전한 끝에 끝내는 분도 있다.

칭찬은 엄마들을 춤추게 한다

이 숙제는 총 3권의 그림책으로 수행한다. 물론 3권을 연달아 수행하는 것은 아니다. 첫 번째 책을 마치고 2~3주 정도 지나 두 번째 책에 도전하고, 다시 일정 기간을 거쳐 세 번째 책에 도전한다. 엄마들은 힘들어하면서도 이 숙제에 놀라우리만치 열정을 보인다. 이유는 간단하다. 칭찬을 받으니 더 잘하고 싶은 마음이 들어서다.

생각해보면 엄마들이 칭찬을 받을 일은 많지 않다. 아니 거의 없다. 항상 가족을 위해 나를 희생하며 살고 있지만 정작 '잘했다'는 한마디 해주는 사람이 없다. 그러나 영어를 배우는 학생의 신분이 되면 달라진다. 노력한 만큼 칭찬으로 돌아오니 열정이 솟아나지 않을 이유가 없다.

사실 낭독 연습을 하고 녹음을 한다는 것 자체가 크나큰 도전이다. 내 휴대전화에 내 목소리를, 그것도 영어로 말하는 내 음성을 녹음하고 들어본다는 게 어찌 쉬운 일이겠는가. 이렇게 칭찬 한마디에 자신감을 얻고 부족한 부분은 채워가며 엄마들은 오늘도 성장한다.

하지만 엄마들이 낭독 숙제를 이렇게 열심히 하는 데는 더 큰 이유가 있다. 자신의 실력이 날마다 성장하는 것을 체감하기 때문이다. 첫 그림책을 낭독하는 날, 엄마들이 보내온 녹음본을 들어보면 '흠……, 이 분이 연습한다고 과연 될까?'라는 의문이 드는 경우가 가끔 있다. 그러나 결국엔 된다. 연습에 연습을 거듭하니 되지 않을 수가 없다. 이런 분들이 첫날 보내온 녹음본과 마지막 날 보내온 녹음을 비교해서 들어보면 그야말로 천지 차이다. 당사자에게는 이 차이가 더 크게 느껴질 수밖에 없다.

이런 분들이 마지막에 보여주는 모습은 바로 잠자리 독서다. 그동안은 아이에게 한글책만 읽어줬다면 이제는 영어 그림책을 읽어줄 수 있다. 이런 경험을 한 엄마가 전하는 후기는 정말이지 감동이다.

"제가 영어 그림책을 읽어주는데 아이가 이야기에 폭 빠져서 듣더라고요. 정말 기분이 좋았어요."

"아이가 좋아하는 공룡 그림책을 읽어줬더니 책을 덮는 순간 아이가 저를 향해 엄지를 올리며 'good job'이라고 했어요."

"우리 딸은 아빠만 영어를 잘하는 줄 알고 있었어요. 제가 읽어주는 그림책을 듣더니 '엄마도 이렇게 영어를 잘했어?'라고 묻더라고요."

그림책 낭독은 회화 공부를 하는 성인 학습자는 물론 어린이와 학생들 모두에게 도움이 된다. 아이들이 읽는 책이라고 해서 쉽고 유치하다는 생각은 버려라. 영어 그림책은 원어민 아이들이 보는 책이다. 쉬운 단어들로 구성된 낮은 난이도의 책이 아니라 스토리를 중심으로 쓴 책이다. 그래서 꽤 어려운 단어들도 제법 나온다. 또한 낭독은 발음과 파닉스 원리를 적용하는 것은 물론 강세와 억양 연습까지 할 수 있는 기회다. 장기적으로 회화에 도움이 되는 것은 물론이다. 내 영어를 넘어 아이의 영어에도 도움을 주는 낭독, 하지 않을 이유가 없지 않은가?

그림으로 연습하는 것도
방법이에요

그림을 문장으로 만들어요

벙커라고 표현한, 아니 표현할 수밖에 없었던 지하에서 지상으로 올라설 시간이 다가오고 있다. 말 그대로 해방의 순간이다. 끝까지 최선을 다한다는 마음으로 지상으로 가기 위한 마지막 연습을 해보자. 바로 사진이나 그림을 보며 문장을 만드는 과정이다.

그림을 보고 주어진 핵심 키워드들을 이용해 질문을 만들고 대답하면 된다. 질문은 두 가지다. 첫 번째는 어디에 있는지(Where)를 묻고, 두 번째는 무엇을 하고 있는지(What~ doing)를 묻는다. '소유격'이라고 되어 있는 부분에서는 스스로 판단하여 적절한 소유격을 넣으면 된다. 그럼 이제부터 본격적인 연습을 해보자.

Jane

park

read a newspaper

예 A: Where is Jane?

B: She's in the park.

A: What's she doing?

B: She's reading a newspaper.

they

home

watch TV

예 A: Where are they?

B: They're at home.

A: What are they doing?

B: They're watching TV.

1

You

bedroom

listen to music

A: _____

B: _____

A: _____

B: _____

2

Thomas and Barbie

school

study mathematics

A: _____

B: _____

A: _____

B: _____

③

your husband

living room

sleep on the sofa

A: _____

B: _____

A: _____

B: _____

④

You

cafe

drink coffee

A: _____

B: _____

A: _____

B: _____

5

Chloe

parking lot

wash 소유격 car

A: _____

B: _____

A: _____

B: _____

6

your dog

yard

jump around

A: _____

B: _____

A: _____

B: _____

⑦

you and Bill

library

do 소유격 homework

A: _____

B: _____

A: _____

B: _____

⑧

you

yard

feed 소유격 dog

A: _____

B: _____

A: _____

B: _____

❶ A: Where are you?
　B: I'm in the bedroom.
　A: What are you doing?
　B: I'm listening to music.

❷ A: Where are Thomas and Barbie?
　B: They're at school.
　A: What are they doing?
　B: They're studying mathematics.

❸ A: Where's your husband?
　B: He's in the living room.
　A: What's he doing?
　B: He's sleeping on the sofa.

❹ A: Where are you?
　B: We're in the cafe.
　A: What are you doing?
　B: We're drinking coffee.

❺ A: Where is Chloe?
　B: She's in the parking lot. (parking lot: 주차장)
　A: What's she doing?
　B: She's washing her car.

❻ A: Where is your dog?
　B: It's in the yard.
　A: What's it doing?
　B: It's jumping around.

❼ A: Where are you and Bill?
　B: We're in the library.
　A: What're you doing?
　B: We're doing our homework.

❽ A: Where are you?
　B: I'm in the yard.
　A: What are you doing?
　B: I'm feeding my dog.

⑥ 이 질문만으로는 '너의 개(Your dog)'가 암컷인지 수컷인지 알 수가 없다. 그러므로 It으로 받으면 된다. 만약 개가 암컷이라면 she를 사용하고, 수컷이면 he를 쓰면 된다. She와 He는 사람에게만 사용하는 대명사가 아니라 암컷, 수컷의 의미도 지닌다고 앞에서 설명했다.

⑦ 너와 Bill에 대한 질문에는 내(I)가 포함되어 있으므로 대명사는 우리(We)이다. 다음 질문에서는 '너와 Bill'을 '너희'로 함께 지칭했으므로 복수인 You(너희들)가 주어가 된다.

328

⑧ 답을 알고 나면 쉬워 보이지만 은근히 실수가 많이 나오는 문제이다. 왜냐하면 질문을 'You'라고 했는데 대답을 'He'라고 하는 경우가 많기 때문이다. 그림에서 남자 아이가 있다는 사실에 꽂히면 곤란하다. 가상의 대화 속에 본인을 놓고 내가 이 남자 아이와 대화를 하고 있다고 가정하면 된다. 즉 당신이 A이고, 남자 아이가 B라는 생각으로 둘이 대화한다고 생각해야 한다. 두 번째 질문 역시 'What's he doing?'이 아니라 첫 번째 질문과 똑같은 'You'를 사용해서 '너'에게 질문해야 한다.

그림을 보며 충분히 연습했다면 원어민의 발음으로 들으며 강세와 억양까지 확실하게 익혀보자.

엄마들에게 해주고 싶은
따뜻한 말들

You're a good enough mother. It's unchangeable.

당신은 충분히 좋은 엄마입니다. 그건 변하지 않는 진리예요.

I'm still looking for who I am.

나는 여전히 내가 어떤 사람인지를 알아가고 있어요.

You're already good enough.

당신은 이미 충분히 훌륭해요.

Better late than never.

아예 하지 않는 것보단 늦더라도 하는 게 낫다.

I know you're doing your best.

당신이 최선을 다하고 있다는 것을 알고 있어요.

You must not expect too much at your first attempt.

첫 시도에 너무 많은 것을 기대하면 안 된다.

For your child, you're the universe.

당신의 아이에게 엄마는 우주입니다.

Love yourself first, then you can love others.

당신을 먼저 사랑하세요. 그럼 다른 사람을 진정으로 사랑할 수 있습니다.

You're much better than you've thought.

당신이 생각하는 것보다 당신은 훨씬 좋은 사람이에요.

Not see the forest, for the trees.

나무만 보고 숲을 보지 못하는 실수를 범하지 마세요.

You are never too old to learn.

배움에 늦은 나이란 없다.

에필로그 ——————————————————————

: 이제 영어라는 짐을 벗어던지고 해방을 만끽하세요

지하에서 지상으로

'해방을 만끽하다.'

성인 영어 학습자 중에 과연 영어로부터 진정한 해방을 만끽할 수 있는 사람이 몇이나 될까? 여기서 말하는 해방은 이제부터 영어 공부를 할 필요가 없는 수준이 되었다는 말이 아니다. 영어 공부를 하고 싶지만 시작할 엄두조차 나지 않아 거의 포기했던 수준에서 기본부터 다지고 쌓아 이제 서점에서 '기초 영어 회화', '왕초보 회화'라고 이름 붙인 책 중에 마음에 드는 한 권을 골라 혼자 공부할 수 있는 수준으로 끌어올리는 것. 이것이 진정한 해방의 의미다. 지하 벙커에 머물러 있는 수준을 지상으로 끌어올려 회화 공부를 시작할 수 있도록 해방시켜 준다는 의미다.

이 책을 처음 시작했을 때의 실력과 마음가짐을 기억하는가? 처음에는 반신반의하는 마음이었을 것이다. 하지만 이 책을 마무리한 지금은 스스로도 엄청난 발전을 이뤄냈다는 생각이 들 것이다. 눈에 띄는 발전이 아니어도 상관없다. 당신은 지금 '시작이 반'이라는 불변의 진리를 이뤄냈기 때문이다.

처음의 목표를 떠올려보자. 아이의 영어 유치원 숙제를 봐주는 것이 목표인 엄마도 있었고, 아이들과 해외 자유여행을 떠나는 것이 목표인 엄마도 있었다. 밤에 잠자리에 누워 영어 그림책을 읽어주고, 아이들 앞에서 외국인과 영어로 대화하는 것이 목표인 엄마도 있었다. 그 꿈에 얼마나 도달했는가?

내 생각은 변함없다. 영어는 무조건 '가늘고 길게' 가야 한다. 매일은 아니더라도 꾸준히 조금씩 하는 사람은 결국 목표에 도달한다. 이것은 10년 넘게 엄마들과 매일 공부하고 성장 과정을 지켜본 내가 확신하는 바이다. 처음부터 안 될 거라는 지레짐작으로 시작조차 하지 않거나 몇 개월 혹은 1년 남짓 해보고는 포기한 사람은 절대 이룰 수 없는 꿈이다. 그러니 절대 포기하지 마라.

본격적인 시작은 지금부터

당신은 이제 발음의 원리부터 단어를 읽는 파닉스 규칙, 기본 문장을 의문문으로 만드는 방법까지 습득했다. 본격적인 영어 공부는 이제 시작이다. 사람들은 초등 영어, 중학 영어, 고등 영어가 다르다고 생각한다. 그러나 내가 볼 때는 다르지 않다. 초등학교 때 배우는 현재 진행형을 중학교, 고등학교에서도 계속해서 배운다. 학창 시절에도 어려웠던 수동태나 현재 완료형은 지금도 어렵지만 중학교, 고등학교 때도 어려웠다. 몸과 마음이 성장하면서 좀 더 깊은 영어를 접할 뿐이다.

결론은 역시나 반복에 있다. 반복이 답이다. 4장에서 연습한 기본 문장들은 다른 영어책에도 비슷한 모습으로 들어 있고, 회화를 하다가 발음이 헷갈릴 땐 3장을 들여다보면 된다. 다시 연습하고 또 한 번 기억하면 된다. 바라건대, 영어를 공부하면서 조바심을 내거나 불안해하지 않았으면 좋겠다. 할 수 있는 만큼 하고, 각자의 상황에서 최선을 다하면 된다.

전업맘, 워킹맘을 불문하고 모든 엄마는 바쁘고 피곤하다. 아이의 나이가 어리면 어린 대로, 어느 정도 성장했으면 성장한 대로 고민이 있다. 아이 말고 신경 쓸 것도 많다. 이런 생활 속에서 온전한 '나'로 존재하는 시간을 만들기 위한 방법으로 영어 공부를 추천한다. 나를 위한 공부를 하다 보면 엄마와 아내가 아닌 오롯한 '나'의 모습을 볼 수 있다. 무엇을 좋아하느냐는 질문에 쉽게 대답하지 못하는 분들이 생각보다. 많다. "아이가 무엇을 좋아하죠?"라는 질문에는 망설임 없이 대답하면서 정작 자신이 좋아하는 것을 물으면 우물쭈물하는 모습을 볼 때마다 슬펐다. 다행인 것은, 이제 막 영어 공부를 다시 시작한 분들은 이 질문에 바로 대답하지 못하지만 조금이라도 공부를 하고 있는 엄마들은 대답한다는 사실이다. 그래서 나는 수업 시간에 자주 묻는다.

"요즘 무엇에 관심 있으세요?"

나를 위해, 그리고 아이를 위해 시작한 영어 공부, 참 잘했다는 생각이 드는 날이 올 것이다. 쉽지는 않겠지만 그 길을 함께해보자. 영어라는 짐을 떨쳐내고 창공을 누빌 당신의 내일을 응원한다.

엄마들의 독학 영어
RESTART!

초판 1쇄	발행일	2023년 7월 20일			
초판 2쇄	발행일	2023년 7월 31일			

지은이	서민아
펴낸이	유성권

편집장	양선우				
책임편집	윤경선	편집	신혜진 임용옥 배소현		
해외저작권	정지현	홍보	윤소담 박채원	디자인	박정실
마케팅	김선우 강성 최성환 박혜민 심예찬				
제작	장재균	물류	김성훈 강동훈		

펴낸곳	㈜이퍼블릭
출판등록	1970년 7월 28일, 제1-170호
주소	서울시 양천구 목동서로 211 범문빌딩 (07995)
대표전화	02-2653-5131	팩스 02-2653-2455
메일	loginbook@epublic.co.kr
포스트	post.naver.com/epubliclogin
홈페이지	www.loginbook.com

로그인 은 (주)이퍼블릭의 어학·자녀교육·실용 브랜드입니다.